Hartmut Meyer · Karl Daumer

Evolution

Bayerischer Schulbuch-Verlag

Biologie für die gymnasiale Oberstufe

Herausgegeben von Prof. Dr. Karl Daumer, München

Autoren dieses Bandes:
Dr. Hartmut Meyer
Prof. Dr. Karl Daumer

Gedruckt auf chlorfrei gebleichtem Papier

1996
6. Auflage

Grafiken: Dr. Hartmut Meyer
Satz und Druck: Wagner GmbH, Nördlingen
ISBN 3-7627-4236-7

Inhalt

Vorwort

Das vorliegende Buch ist eine Arbeitsgrundlage für die Behandlung des Themenkreises Evolution in der gymnasialen Oberstufe der Gymnasien. In den Lehrplänen der meisten Bundesländer stellt die Evolution das letzte Kapitel im Biologieunterricht vor der Abiturprüfung dar. Es wird damit der Tatsache Rechnung getragen, daß es sich hierbei nicht um eine mehr oder weniger eigenständig zu behandelnde biologische Teildisziplin wie bei Vererbungslehre, Neurophysiologie, Verhaltenslehre usw. handelt, sondern um ein für alle diese Teilbereiche gleichermaßen fundamentales Naturgeschehen, dessen zugrundeliegende Theorie auch viele Phänomene aus dem vorangegangenen Unterricht plausibel erklären kann.
Der Themenband ist für die Grund- und Leistungskurse geeignet, wobei im Grundkurs nach der Einleitung gleich mit dem Kapitel 3 begonnen werden kann. Weitere Differenzierungsmöglichkeiten bieten sich mit den Aufgaben und Anregungen für Referate, Beobachtungen, Experimente usw. an. Weiterführende Literatur und ein Namen- und Sachverzeichnis erleichtern die Bearbeitung der Aufgaben und Referatthemen sowie eine schnelle Information über Begriffe, Namen und Sachzusammenhänge.
Den Herren Dr. P. Meyer (Universität Augsburg) und Dr. G. Wächtershäuser (München) danke ich sehr herzlich für Hinweise und informative Gespräche. Darüber hinaus bin ich zahlreichen wissenschaftlichen Autoritäten und den Verfassern vieler der im Anhang genannten Standardwerke, Buch- und Zeitschriftenartikel verpflichtet.

Augsburg, im Sommer 1993 Hartmut Meyer

Einleitung

Die Betrachtung einer blühenden Sommerwiese, der Besuch eines zoologischen Gartens, die Untersuchung einer Handvoll Gartenerde oder der Blick in eine biologische Sammlung können nur einen ganz bescheidenen Eindruck von der unübersehbaren Mannigfaltigkeit der Lebewesen vermitteln, die mit uns die Erde bewohnen. Man kennt heute annähernd zwei Millionen Tier- und Pflanzenarten, und ständig werden neue entdeckt.
Diese ungeheure Fülle, die dennoch so zahlreichen und abgestuften Ähnlichkeiten zwischen verschiedenen Arten und die so auffällig zweckmäßigen Anpassungen der Lebewesen an die Bedingungen ihrer Umwelt haben von jeher das Interesse der Menschen erregt und die Frage nach ihrer Entstehung geweckt.
Bereits bei den vorsokratischen Naturphilosophen finden sich Gedanken über eine Entstehung der Lebewesen aus unbelebter Materie (Urzeugungshypothese) und über die Entwicklung von einfachen Formen zu komplizierteren (Abstammungshypothese). *Aristoteles* (384–322 v. Chr.) vertrat zwar auch die Urzeugungshypothese, sah aber in den Anpassungen und den abgestuften Ähnlichkeiten der Lebewesen den Ausdruck eines weisen Schöpfungsplanes. Fossilien betrachtete er als verunglückte Produkte der formgestaltenden Schöpferkraft. Diese aristotelische Naturphilosophie wurde im Mittelalter mit dem biblischen Schöpfungsbericht in Einklang gebracht, und so lehrten Theologen, Philosophen und Naturgelehrte über Jahrhunderte hinweg die Entstehung aller Lebewesen, der Erde selbst und des gesamten Weltalls durch einen einmaligen Schöpfungsakt. Dabei galt als unantastbare Wahrheit, daß die verschiedenen Arten unveränderlich und deshalb von Beginn der Schöpfung an auch unverändert geblieben seien (Lehre von der Konstanz der Arten).
Im Jahre 1739 veröffentlichte *Carl von Linné* (1707–1778) den ersten Entwurf für sein „System der Natur", und zwanzig Jahre später hatte er allen ihm damals bekannten Pflanzen und Tieren aufgrund gemeinsamer und unterschiedlicher Merkmale einen lateinischen Doppelnamen gegeben und sie in ein hierarchisch gegliedertes System eingeordnet, von dem er glaubte, daß es den göttlichen Schöpfungsplan widerspiegelte.
Die inzwischen zahlreich gefundenen Fossilien wurden jetzt als die versteinerten Reste von Lebewesen aufgefaßt, die entsprechend dem biblischen Bericht in der Sintflut umgekommen seien. Selbst als *Georges Cuvier* (1769–1832) durch systematische Ausgrabungen und Untersuchungen von Fossilien erkannt hatte, daß die versteinerten Lebenwesen sich von den heute lebenden unterscheiden, und zwar um so mehr, aus je älteren Schichten sie stammen, hielt er noch am Schöpfungsbericht und der Vorstellung von der Unveränderlichkeit der Arten fest. Dies konnte er nur, indem er mehrere sintflutartige Katastrophen annahm, die die jeweils vorhandene Lebewelt auslöschten und eine Neuschöpfung auf höherer Stufe nach sich zogen (*Katastrophen-„Theorie"*). Die von *Jean Baptiste de Lamarck* (1744–1829) formulierte These eines kontinuierlichen Artenwandels und der Abstammung der heutigen Lebewesen von früheren durch einen inneren Vervollkommnungstrieb der Lebewesen lehnte er entschieden als unseriöse Spekulation ab.
Es ist das unbestreitbare Verdienst von *Charles Darwin* (1809–1882), durch die Samm-

lung eines immensen Tatsachenmaterials den zunächst nur spekulativ vertretenen Gedanken (These) eines Abstammungszusammenhangs aller Lebewesen wissenschaftlich begründet und gleichzeitig eine Hypothese über die Ursachen des Artwandels entwickelt zu haben, die in ihren Grundzügen auch heute noch Gültigkeit besitzt. Die Darwinsche Hypothese einer Evolution bezieht sich auf Vorgänge in der Vergangenheit, die nicht wiederholbar und deshalb einer experimentellen Überprüfung prinzipiell nicht zugänglich, also nicht direkt beweisbar sind. Sie erlaubt aber die umfassende und logische Verknüpfung der Beobachtungen und Experimentalbefunde aus allen Wissensgebieten der Biologie (vgl. S. 7) und findet in der experimentellen Bestätigung von Voraussagen immer wieder ihre Bestätigung. Bis heute gibt es keine einzige biologische, paläontologische oder geologische Einzeltatsache, die sich nicht widerspruchsfrei in dieses Gedankengebäude einfügen ließe.
Die Hypothese einer Evolution wurde so zur *Evolutionstheorie,* der umfassensten und bestbegründeten Theorie der Biologie überhaupt. Sie liefert Erklärungen über
- die stammesgeschichtliche Entwicklung der Lebewesen in der Erdgeschichte,
- die Ursachen der Unterschiede und Gemeinsamkeiten in Körpergestalt und Färbung, Bau und Verbreitung,
- die zahllosen Ähnlichkeiten in Anatomie, Physiologie, Biochemie und Verhalten und über
- die Gesetzmäßigkeiten, nach denen sich die Evolution der Lebewesen vollzogen hat und noch vollzieht.

Der wesentliche Inhalt der Evolutionstheorie (Abstammungs- oder Deszendenzlehre) kann wie folgt formuliert werden: Alle heutigen Tier- und Pflanzenarten und der Mensch haben sich im Laufe der Erdgeschichte in direkter Abstammung durch schrittweise Veränderungen aus einer geringen Zahl von Arten, vielleicht nur aus einer einzigen, entwickelt. Die wichtigsten bekannten Ursachen der Evolution sind die Mutationen, die erbliche Varianten schaffen, und die natürliche Auslese der besser angepaßten Varianten unter der Überzahl der Nachkommen.

Grundfragen der Evolutionsforschung und Wege zu ihrer Beantwortung

1. Wie ist das Leben auf der Erde entstanden?

Es geht dabei um die wissenschaftliche Bearbeitung der Frage nach der „Urzeugung“. Sie kann im wesentlichen mit biochemischen Methoden und Überlegungen der Wahrscheinlichkeitsrechnung angegangen werden. Sie konzentriert sich auf die Probleme, wie wohl aus anorganischen Stoffen der Früherde organische Stoffe entstehen konnten und wie sich daraus ein selbstreproduzierendes Protein-DNS-System bilden konnte.

2. Welche Indizien sprechen für eine gemeinsame Abstammung der Lebewesen?

Vergleicht man Lebewesen hinsichtlich anatomischer, physiologischer und ethologischer Merkmale, so stellt man Gemeinsamkeiten und abgestufte Ähnlichkeiten fest. Sofern diese auf gemeinsamer genetischer Information beruhen, können sie als Indizien für Abstammung von gemeinsamen Ahnen angesehen werden. Dabei ist die

Unterscheidung von genetisch bedingten und umweltbedingten Merkmalsausprägungen ein schwieriges Problem. Von besonderer Beweiskraft, daß Evolution stattgefunden hat, sind fossile Ahnenformen.

3. Welche Wege ist die geschichtliche Entwicklung der Lebewesen gegangen?

Diese Frage kann für manche Gruppen von Lebewesen, insbesondere aufgrund reicher Fossilfunde, beantwortet werden. Geologische und physikalische Methoden erlauben eine Altersbestimmung der einzelnen Funde, so daß zusammen mit einer genauen Merkmalsanalyse eine Stammbaumrekonstruktion möglich wird, die die Funde in der Reihenfolge des historischen Entwicklungsablaufs anordnet. Neue Funde führen immer wieder zu Revisionen und Verfeinerungen der Stammbaumrekonstruktionen.

4. Welche Ursachen können die Veränderung von Arten bewirken?

Die Beantwortung dieser Frage hängt mit dem Problem zusammen, zu definieren, was eine Art, eine Rasse, eine Population ist. Artenwandel kann in natürlichen Pflanzen- und Tierpopulationen infolge der relativ kurzen Beobachtungszeit nur selten beobachtet werden. Wertvolle Hinweise auf wirksame Evolutionsfaktoren liefern die Erfahrungen der Pflanzen- und Tierzüchter. Einsichten in die quantitativen Zusammenhänge bringen Experimente mit Laborpopulationen von Lebewesen mit hoher Fortpflanzungsrate, wie Bakterien, Hefe- und Schimmelpilze usw.

In allen Fällen können jedoch nur solche Faktoren und Mechanismen untersucht werden, die *unter heutigen Bedingungen* Arten verändern, also Evolution bewirken können. Man geht davon aus, daß diese in der Vergangenheit in gleicher Weise gewirkt haben wie heute. Die Frage, ob an der Evolution der Lebewesen noch andere als die heute bekannten Ursachen mitgewirkt haben, ist offen.

Bedeutung der Evolutionsforschung

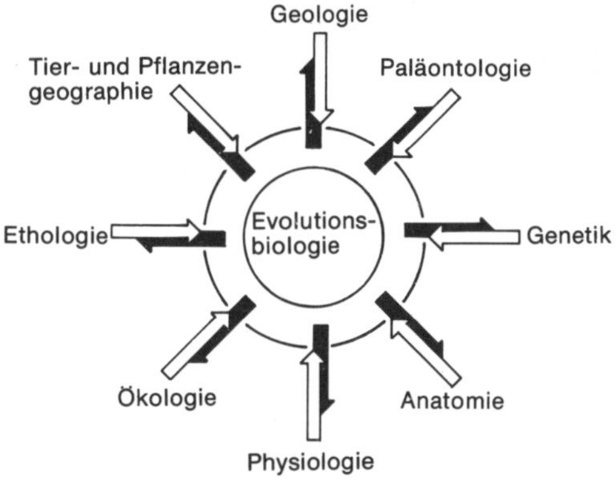

Abb. 7.1. Die zentrale Stellung der Evolutionsbiologie

Weil die Evolutionstheorie ihre Argumente aus allen Teildisziplinen der Biologie bezieht, nimmt sie innerhalb dieser auch eine ganz zentrale und verbindende Stellung ein.

Diese zeigt sich vor allem darin, daß sie auch ihrerseits für unzählige Einzelprobleme aus allen biologischen Teildisziplinen Erklärungen liefern kann.

Die Evolutionsforschung befaßt sich mit dem wohl großartigsten und umfassendsten Naturgeschehen, dem letztlich alle Lebewesen, eingeschlossen der Mensch, in gleicher Weise ihr Dasein verdanken.

Ihre Ergebnisse sind deshalb grundlegend für ein tieferes Verständnis des Phänomens Leben in all seinen vielfältigen Formen und deren Entstehung. Die besondere Bedeutung leitet sich aus der Einbeziehung des Menschen ab. Die Evolutionsforschung ist in der Lage, die Fragen vieler Menschen nach ihrer eigenen Herkunft und ihrer Stellung in der Natur sachlich zu beantworten und damit dem menschlichen Selbstverständnis eine neue Dimension zu geben. Die Einsicht in die Wirkungsmechanismen der Evolution schafft für den Menschen die Möglichkeit, aktiv in das Evolutionsgeschehen einzugreifen. Sie begründet aber auch seine Verantwortung, für künftige Generationen die Lebensbedingungen zu erhalten.

Vorschlag für ein Referat

Die Geschichte des Abstammungsgedankens von der Antike bis Darwin nach Lit. [25], [31].

Anregung für eine Untersuchung

Durchführung einer Bestimmungsübung z. B. von Käfern aus der Sammlung, von Moosen (im Winter), bzw. von z. B. verschiedenen Korbblütlern (im Herbst) nach zur Verfügung stehenden Bestimmungsbüchern.

Aufgabe

Schlagen Sie Definitionen nach für die Begriffe: Art, Rasse, Population (vgl. auch S. 65–67).

Aufgaben

1. Nennen Sie Tatbestände aus den in Abb. 7.1 angeführten biologischen Teildisziplinen, die nur mit Hilfe der Evolutionstheorie erklärbar sind.
2. Schlagen Sie Definitionen nach für die Begriffe: Art, Rasse, Population (vgl. auch S. 65–67 und Lb. der Ökologie).

1 Chemische Evolution und Anfänge des Lebens

„Was sich vor über vier Millarden Jahren auf der Erde wirklich abgespielt hat, also der historische Verlauf der Lebensentstehung, bleibt uns wohl für immer verschlossen. Aber wir sind jetzt in der Lage, die Minimalbedingungen anzugeben, die erfüllt werden müssen, damit sich Moleküle überhaupt zu lebenden Strukturen zusammenfügen können."

Manfred Eigen

Die Frage nach dem Ursprung des Lebens auf unserer Erde ist wohl so alt wie die Menschheit selbst und kann zur Zeit naturwissenschaftlich nicht beantwortet werden. Auf der Basis der heute vorhandenen kosmologischen, geologischen, chemischen und physikochemischen Kenntnisse wurden jedoch verschiedener Denkmodelle (Hypothesen) entwickelt. Sie befassen sich zum einen mit den erforderlichen Voraussetzungen für eine Lebensentstehung in der Frühzeit der Erde, zum zweiten mit denkbaren Entstehungsmechanismen der frühesten Lebewesen selbst.

1.1 Vorstellungen von der Frühzeit der Erde

Man nimmt an, daß sich die Urerde vor etwa 4,5 Milliarden Jahren im Rahmen der Entstehung unseres Sonnensystems durch Massenanziehung von Wasserstoff, Helium und schwereren Elementen aus einer riesigen Gaswolke gebildet hat, die sich allmählich zu einem glutflüssigen Feuerball verdichtete. Die mit der Abkühlung verbundene Sonderung der Stoffe nach ihrer Dichte bewirkte, daß die schwereren Elemente (besonders Eisen und Nickel) sich vor allem im Erdkern anreicherten, wogegen die leichteren den Erdmantel bildeten, dessen Oberfläche vor etwa vier Milliarden Jahren infolge der Abkühlung langsam erstarrte. Die erste aus Wasserstoff, Helium und anderen Gasen bestehende Uratmosphäre entwich dabei größtenteils in den Weltraum.
Eine zweite Uratmosphäre entstand möglicherweise auch als Folge der Tätigkeit von Vulkanen. Sie könnte neben anderen Elementen im wesentlichen aus Wasserdampf, Wasserstoff, Stickstoff, Kohlenstoffdioxid, Methan, geringen Mengen von Schwefeldioxid, Schwefelwasserstoff, Cyanwasserstoff und vielleicht auch einigen niederen Kohlenwasserstoffen bestanden haben. Dies läßt sich aus der Zusammensetzung der heutigen vulkanischen Gase und der Atmosphäre anderer Planeten erschließen. Der Großteil des Sauerstoffs wurde unter den herrschenden Bedingungen wohl in oxidischer Form gebunden, so daß diese zweite Atmosphäre kaum freien Sauerstoff enthalten konnte und infolge ihrer Zusammensetzung reduzierend gewirkt haben mußte. Diese Annahme wird durch den Befund gestützt, daß Eisenerzschichten, die vor etwa zwei Milliarden Jahren von der Erdoberfläche in größere Tiefen verlagert worden sind, das Eisen in der Oxidationsstufe + II enthalten, z. B. also FeO, FeS, FeS_2 usw. Jüngere Eisenerze, die einer oxidierenden Atmosphäre ausgesetzt waren, enthalten das Eisen dagegen in den höheren Oxidationsstufen + III und + IV. Die fortschreitende Abkühlung bewirkte auch die Kondensation des Wasserdampfs und

führte so zur Entstehung der Urozeane. Vor allem durch die fortlaufende Abdiffusion des Wasserstoffs in den Weltraum veränderte sich die Zusammensetzung der Atmosphäre stetig weiter, so daß man in Folge auch von einer dritten und von der heutigen als der vierten Atmosphäre spricht.

Vorschläge für Referate

1. Heutige Vorstellungen über das Alter des Weltalls und des Sonnensystems nach Lit. [12], [13], [15].
2. Theorien zur Entstehung der Erde nach Lit. [5], [11], [12], [13], [15].
3. Die Entstehung der Erdatmosphäre nach Lit. [5], [11], [12], [13], [50] und Spektrum der Wissenschaft 4, 1981.

Aufgabe

Geben Sie die Formeln der genannten Gase an. Begründen Sie, auf welches Gas die reduzierenden Eigenschaften der Uratmosphäre im wesentlichen zurückzuführen sind.

1.2 Vorstufen der Lebensentstehung

Die Erde ist ca. 4,5 Milliarden Jahre alt. Die ältesten bekannten fossilen Überreste von Lebewesen (Warrawoona Mikrofossilien und Stromatolithe) haben ein Alter von etwa 3,5 Milliarden Jahren. In einem Zeitraum von längstens einer Milliarde Jahre, evtl. auch weniger, müssen demnach auf chemischem (abiotischem) Wege alle jene Entwicklungen eingeleitet worden sein, an deren Ende dann Lebewesen standen:

1. die Bildung organischer Kleinmoleküle als Bausteine einfacher Biomoleküle,
2. die Bildung einfacher Biomoleküle wie Aminosäuren, Zucker und Nucleinbasen,
3. die Bildung größerer Biomoleküle mit der Fähigkeit zur autokatalysierten Selbstreplikation,
4. die „Individualisierung" mehrerer solcher selbstreplizierbarer Biomoleküle durch ihren Einschluß in geschlossene Membranhüllen und
5. die Sicherung der Energieversorgung solcher abgegrenzter Gebilde durch Entwicklung eines Stoffwechsels.

Bildung organischer Kleinmoleküle und einfacher Biomoleküle

1953 bewies der damals 23jährige Chemiestudent *S. L. Miller* durch ein Simulationsexperiment, daß unter den von ihm angenommenen atmosphärischen und energetischen Bedingungen der Früherde die abiotische Bildung von organischen Molekülen möglich ist: In einer einfachen Glasapparatur setzte er ein Gemisch aus Wasserstoff, Wasserdampf, Methan und Ammoniak für einige Stunden elektrischen Entladungen aus. Die Analyse der Reaktionsprodukte ergab, daß sich in mehrstufigen Reaktionen neben Kohlenstoffoxiden und Stickstoff insgesamt 19 organische Substanzen gebildet hatten, darunter allein sechs Aminosäuren, Methansäure, Essigsäure, Milchsäure, Harnstoff usw.

Der Miller-Versuch

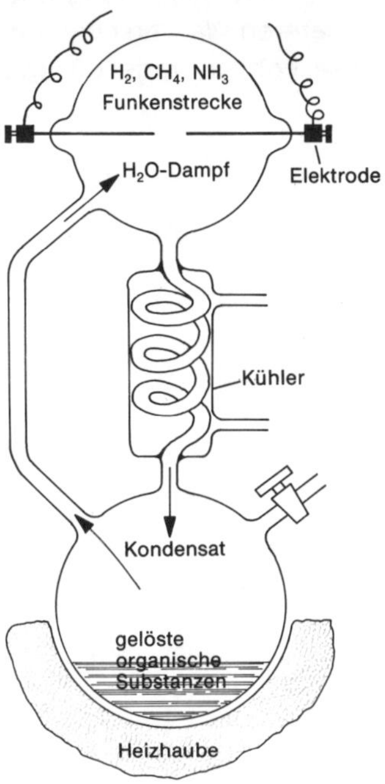

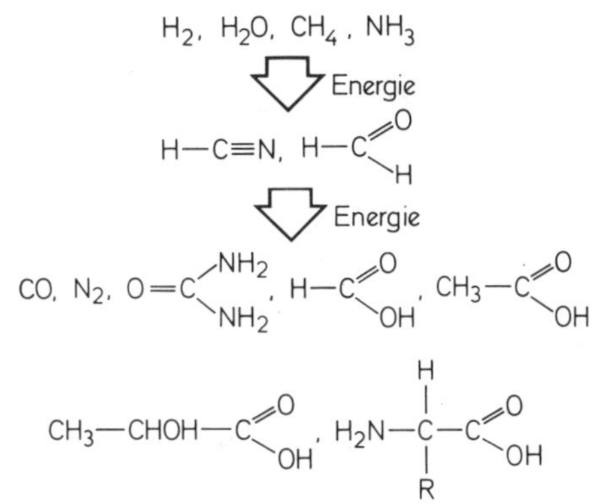

Abb. 11.1. Schema der Versuchsapparatur von S. L. Miller

Wiederholungen dieser Versuche mit veränderten Ansätzen und anderen Energiequellen, z. B. UV-Licht, ionisierenden Strahlen usw., führten zum Nachweis der abiotischen Entstehung auch komplizierterer organischer Moleküle wie z. B. Ribose, Desoxyribose, Stickstoffbasen (Adenin, Cytosin, Guanin, Thymin) und sogar des universellen Energieträgers in Lebewesen, des ATP (Ponnamperuma 1967):

$$\text{Ribose} + \text{Adenin} \xrightarrow{\text{UV}} \text{Adenosin}$$

$$\text{Adenosin} + \text{Phosphat} \xrightarrow{\text{UV}} \text{ATP}$$

Hatte man früher angenommen, die abiotische Bildung organischer Moleküle aus einfachen Grundstoffen sei in höchstem Maße unwahrscheinlich, so zeigen diese Ergebnisse aber, daß es ganz im Gegenteil unwahrscheinlich wäre, wenn sich solche Verbindungen unter den Bedingungen der Früherde und des zur Verfügung stehenden langen Zeitraumes *nicht* in größeren Mengen gebildet hätten.

Die „Ursuppe"

Die energiereiche UV-Strahlung kann nicht nur die Bildung neuer Moleküle bewirken, sie kann diese ebenso wieder zerstören. Eine Anreicherung der neugebildeten Moleküle war also nur möglich, wenn sie nach der Bildung der Einwirkung der UV-Strahlung entzogen wurden.

In der Atmosphäre und in den oberen, noch vom UV-Licht durchdrungenen Wasserschichten hat sich so möglicherweise ein Gleichgewicht zwischen Neubildung und Zerlegung der organischen Moleküle eingestellt, die sich in tieferen Wasserschichten dagegen in größerer Menge anreichern konnten. Für diese konzentrierte Lösung prägte *Haldane* 1929 die Bezeichnung *„Ursuppe"*.

Vorschlag für eine Facharbeit

Durchführung und Auswertung des Miller-Versuchs nach Sextl, G., R. Schwankner und M. Eiswirth: Abiogene Bildung von Aminosäuren. In: Biuz 1, 1980.
Schmitz, H., und H. D. Wilms: Die Millerschen Versuche zur chemischen Evolution im Schulunterricht. In: MNU 19, 318, 1966.

Vorschlag für einen Demonstrationsversuch

nach Molzer, H.: Ein einfacher Versuch zur molekularen Evolution. In: Praxis der Naturwissenschaften. Chemie 12, 334, 1976.

Aufgaben

1. Benennen Sie die auf S. 11 dargestellten Verbindungen.
2. Formulieren Sie die Bildung der Aminosäure Alanin aus Cyanwasserstoff und Ethanal.
3. Die bei den Millerschen Versuchen entstehenden Aminosäuren sind Spiegelbildisomere; die in Lebewesen vorkommenden gehören dagegen alle der L-Konfigurationsreihe an. Welche Schlüsse kann man aus diesem Befund ziehen?

Bildung größerer Biomoleküle

Eiweißähnliche Stoffe

1965 konnte *S. W. Fox* zeigen, daß auch die abiotische Verknüpfung von Aminosäuren zu eiweißähnlichen Makromolekülen möglich ist. Er erhitzte eine trockene Mischung verschiedener Aminosäuren für einige Stunden auf Temperaturen um 170 °C und erhielt verschiedene Polypeptide aus bis zu 20 Aminosäuren. Diese Produkte ließen sich durch eiweißspezifische Enzyme (Proteasen) spalten („verdauen") und auch als Nährsubstanz für verschiedene Bakterien verwenden. In Anwesenheit von Phosphorsäure, Polyphosphaten oder Lavagestein gelangen solche Verknüpfungen auch bei niedrigeren Temperaturen, wobei sogar Ketten bis zu 100 Aminosäuren entstanden. Fox nannte seine Produkte wegen ihres eiweißartigen Charakters *„Proteinoide"*. Solche Proteinoide wurden später in abgewandelten Miller-Versuchen aus Ammoniak und Cyanwasserstoff auch direkt synthetisiert (Kliss und Matthews 1966).

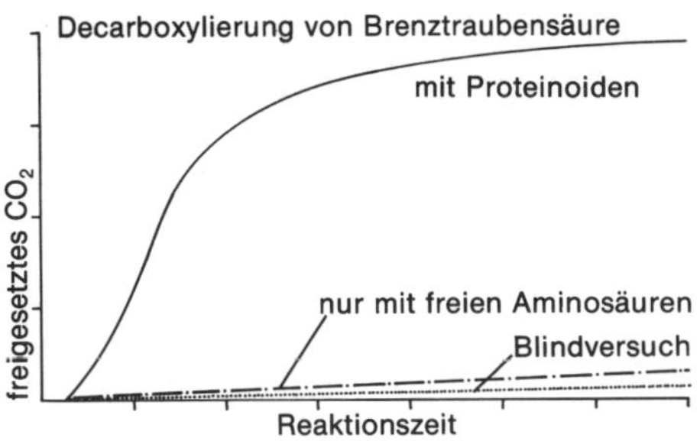

Abb. 13.1. Katalytische Wirkung von Proteinoiden (nach S. W. Fox)

Besonders aufsehenerregend wurden Versuchsergebnisse, die Fox 1969 erzielte:
Es gelang ihm, für einige seiner Proteinoide *katalytische Wirksamkeit* nachzuweisen, wie die nebenstehende Grafik am Beispiel der Decarboxylierung von Brenztraubensäure zeigt.

Polynucleotide

Durch Erhitzen einer Mischung aus Nucleotiden und Phosphaten gelangte *G. Schramm* 1962 zu Polynucleotiden aus bis zu 200 Bausteinen. Von größter Bedeutung war dabei der Befund, daß die Anwesenheit von solchen synthetischen Nucleotidsträngen die Bildung weiterer, aber komplementärer Polynucleotidstränge stark begünstigte und so eine Syntheselawine in Gang setzte.
Die abiotische Entstehung lebenswichtiger Makromoleküle in der Frühzeit der Erde erscheint daher nicht nur möglich, sondern sehr wahrscheinlich.

Der Urey-Effekt

Kurzwellige UV-Strahlung zerstört Proteine und Nucleinsäuren. Sie spaltet sogar Wassermoleküle in Wasserstoff und Sauerstoff (Photolyse).
Dieser Vorgang muß auch für die Früherde angenommen werden. Der leichtere Wasserstoff verflüchtigt sich dabei, der schwerere Sauerstoff reichert sich an. Sauerstoff ist aber ein besonders wirksamer Filter für ultraviolettes Licht. Eine Anreicherung von Sauerstoff führt daher zu einer zunehmenden Ausfilterung der UV-Strahlung, was wiederum eine Abschwächung der Photolyse des Wassers bewirkt.

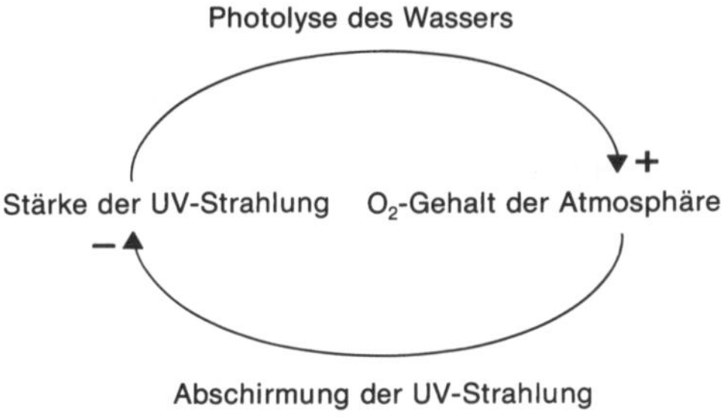

Abb. 13.2. Pfeildiagramm des Urey-Effekts

Der so entstehende Rückkopplungskreis (Urey-Effekt) könnte zur Einstellung einer konstanten minimalen Sauerstoffkonzentration von etwa 0,1% in den oberen Schichten der Atmosphäre geführt und so bewirkt haben, daß sich die UV-empfindlichen Proteine und Nucleinsäuren allmählich auch in oberflächennahen Gewässerschichten anreichern konnten.

Vorschläge für Referate

1. Chemische Evolution. Nach Dickerson, R. E.: Chemische Evolution und der Ursprung des Lebens. In: Spektrum der Wissenschaft 9, 1979.
2. Voraussetzungen und Versuche zur Bildung von organischen Molekülen auf der Früherde. Nach Bisset, K. A.: Erste Schritte des Lebens. In: Bild der Wissenschaft 3, 1970, und Lit. [11], [12], [13], [16].

Aufgaben

1. Wodurch unterscheidet sich die abiogene und die biogene Synthese von Makromolekülen?
2. Welche grundlegenden Überlegungen führten zur Formulierung des Urey-Effekts?
3. Wie kann man erkären, daß bis heute jegliche Suche nach Spuren einer noch immer stattfindenden Neuentstehung von Leben auf der Erde erfolglos geblieben ist?
4. Wie könnte auf der Früherde „Auslese" unter den gebildeten Molekülen stattgefunden haben?

Selbstreproduktion von Biomolekülen

Proteine und Nucleinsäuren stehen bei den heutigen Lebewesen in enger Wechselbeziehung: In der Nucleotidsequenz der Nucleinsäuren liegt die Information zur Synthese von Proteinen mit bestimmter Aminosäuresequenz. Diese bestimmt Struktur und Funktion der Enzyme, die den Stoffwechsel sowie die Selbstreproduktion der Nucleinsäuren steuern. Die Information über die Zusammensetzung funktionsfähiger Makromoleküle erhält der Organismus heute durch den Vorgang der Vererbung. Wir müssen annehmen, daß ein hypothetischer erster, abiotisch entstandener Urorganismus *(„Protobiont")* auch bereits über einen einfachen Apparat von funktionsfähigen Makromolekülen verfügt haben muß. Da er ihn jedoch nicht ererbt haben kann, muß er abiotisch entstanden sein.

Unter der Annahme, daß ein Enzym aus 100 Aminosäuren besteht, wobei jede Stelle in der Kette mit einer ganz bestimmten Aminosäure besetzt ist, ergibt sich für die zufällige Synthese dieses Enzyms eine Wahrscheinlichkeit von $(\frac{1}{20})^{100}$, also etwa 10^{-130}. Das ist eine hoffnungslos geringe Wahrscheinlichkeit. Bedenkt man jedoch, daß ein und dieselbe Tertiärstruktur und damit die Funktion eines Enzymmoleküls auf der Grundlage verschiedener Aminosäuresequenzen entstehen kann (vgl. Bd. Genetik), so erhöht sich die Wahrscheinlichkeit der Zufallsbildung auf 10^{-16}–10^{-10}. Sie wird noch größer, wenn man berücksichtigt, daß auch schon kürzere Aminosäureketten enzymatisch wirken können (S. 13). Hinzu kommt, daß einige dieser Ketten auf Grund chemischer Eigenschaften der Aminosäuren leichter gebildet werden als andere. Ähnliches gilt für die Polynucleotide. So ist die Vorstellung einer abiotischen Entstehung der ersten funktionsfähigen Makromoleküle durchaus realistisch.

Selbstreproduktion von Proteinen

Proteine sind auf Grund ihres Aufbaus im Gegensatz zu Polynucleotiden nicht geeignet, sich durch einen Matrizenmechanismus komplementär zu reproduzieren.

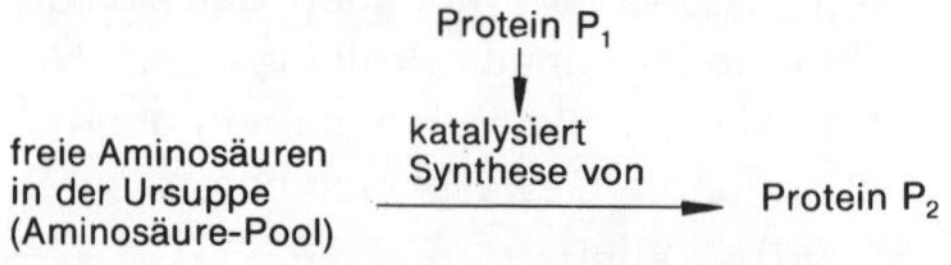

Abb. 14.1. Katalytische Wirkung eines Proteins

Proteine können aber als Enzyme die Synthese bzw. Veränderung von anderen Proteinen katalysieren, die dann ihrerseits wieder katalytisch aktiv werden und auf andere Proteine einwirken können.

Wenn nach einigen derartigen Katalyseschritten das Endprodukt wiederum auf das Ausgangsprotein einwirkt, entsteht ein *„autokatalytisches System"*, das die Fähigkeit zur Selbstreproduktion hätte.

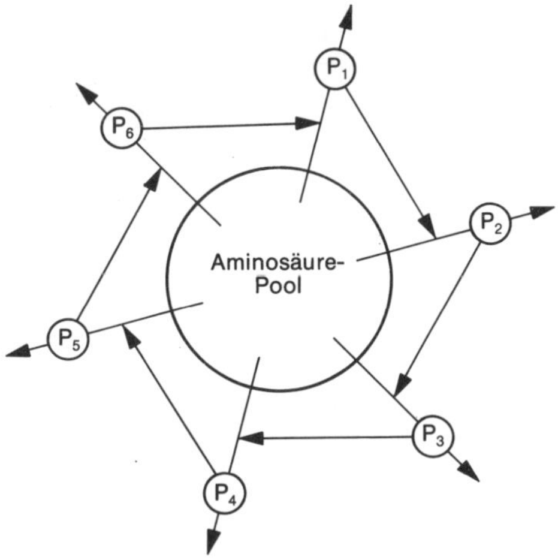

Ein solches System könnte jedoch nicht mutieren, denn die Veränderung eines Proteins hätte nur zur Folge, daß die katalysierte Reaktion schneller, langsamer oder überhaupt nicht mehr abläuft.

Die an der Reaktionskette beteiligten Stoffe werden also entweder in alter Form weiter oder überhaupt nicht mehr gebildet.

Abb. 15.1. Autokatalytischer Proteinsynthese-Zyklus

Selbstreproduktion von Polynucleotiden

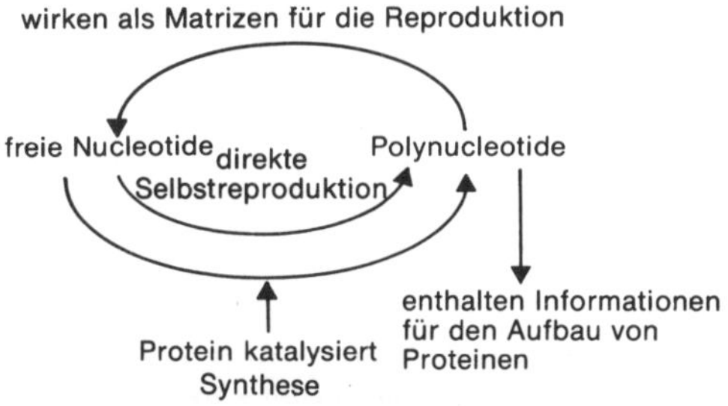

Abb. 15.2. Polynucleotidsynthese-Zyklus

Eine Selbstreproduktion abiotisch gebildeter Polynucleotide wurde bereits experimentell nachgewiesen (S. 13). Wesentlich effektiver ist die Reproduktion von Polynucleotiden unter der katalytischen Mitwirkung von Proteinen. Hierbei beschränkt sich die Funktion der Polynucleotide dann auf die Speicherung von Information über den Aufbau sowohl weiterer Polynucleotidmoleküle als auch von Proteinen.

Selbstreproduktives Protein-Polynucleotid-System

Verbindet man gedanklich mehrere selbstreproduzierende Protein- und Polynucleotidsysteme miteinander, so erhält man ein Gefüge, welches Informationsmoleküle und katalytisch wirksame Moleküle nebeneinander enthält.
Jedes Polynucleotid speichert die Aminosäuresequenzen eines oder mehrerer Proteine, die ihrerseits die identische Reduplikation eines oder mehrerer Polynucleotide katalysieren. Ein solches *„kooperatives System"* stabilisiert sich also selber.
Die Entwicklung solcher Hyperzyklen ging vielleicht von einfachen Wechselwirkungen zwischen Polynucleotiden und Polypeptiden aus, die sich zufällig gegenseitig ergänzten. Kam durch Zufall ein weiteres Polymeres hinzu, so konnte dieses entweder die zyklischen Wechselwirkungen verstärken und damit auch seine eigene Reproduktion fördern, oder es hatte keinen Effekt. Je umfangreicher der vorhandene Hyperzyklus ist, desto leichter kann er weitere Replikationszyklen wirkungsvoll einbauen und desto größer wird seine Wachstumsgeschwindigkeit. Deshalb, so kann man folgern, konnten sich Hyperzyklen, die durch die Ausbildung besonders günstiger Reaktionsketten oder Reaktionsmechanismen in der Lage waren, die für ihre Eigenreproduktion

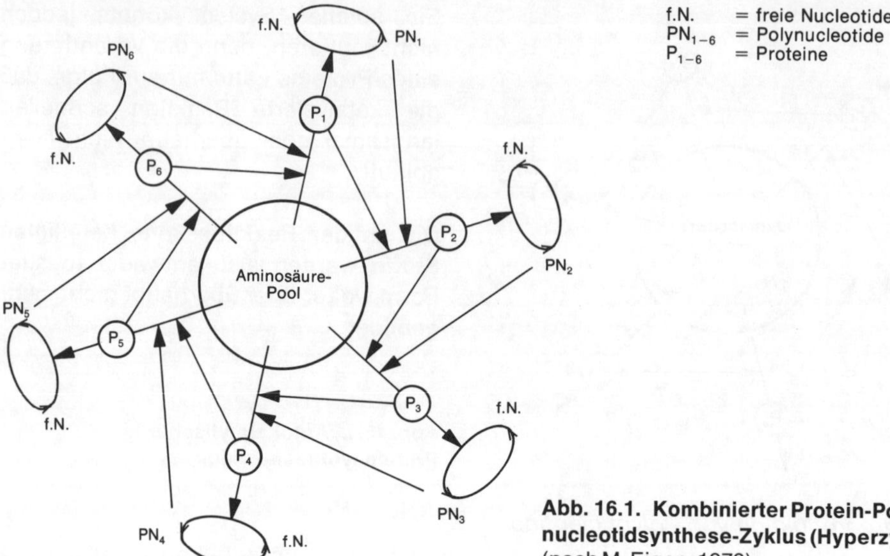

Abb. 16.1. Kombinierter Protein-Polynucleotidsynthese-Zyklus (Hyperzyklus) (nach M. Eigen, 1979)

wichtigen Makromoleküle besonders rasch zu synthetisieren, gegenüber anderen, ähnlichen Zyklen in kurzer Zeit durchsetzen und diese verdrängen.
Die Fähigkeit zur Selbstreproduktion aufgrund gespeicherter Information sowie die Möglichkeit, Veränderungen (Mutationen) an Nachkommen weitergeben zu können, sind entscheidende Kennzeichen lebender, evolutionsfähiger Systeme.
Die Teilschritte der dargestellten Zyklen stützen sich auf Experimentalbefunde mit Protein-Nucleotidsystemen aus heutigen Lebewesen. Die Aussagen über Möglichkeiten der Entstehung der Zyklen in der Vergangenheit stellen eine nicht überprüfbare Hypothese dar, die allerdings eine gewisse Wahrscheinlichkeit für sich beanspruchen kann.

Vorschlag für ein Referat

Physikalisch-chemische Grundlagen der Hyperzyklus-Hypothese nach Lit. [2], [5] und Kuhn, H.: Entstehung des Lebens – Bildung von Molekülgesellschaften. In: Forschung '74. Frankfurt/M.: Fischer Taschenbuch-Verlag 1973.

Aufgaben

1. Diskutieren Sie an einem autokatalytischen Proteinsystem die denkbaren Folgen einer spontanen Sequenzveränderung.
2. Diskutieren Sie Möglichkeiten, wie es zu Ausgangsformen von Hyperzyklen gekommen sein konnte.
3. Diskutieren Sie die möglichen Folgen der Sequenzveränderung eines Proteins oder Polynucleotids in einem Hyperzyklus und begründen Sie daran die Mutationsfähigkeit dieses Systems.

4. Warum sind angenommene hyperzyklische Kooperationen zu Beginn der Lebensentstehung einer experimentellen Überprüfung nicht zugänglich?
5. Versuchen Sie zu erklären, warum sich im Bereich des Lebendigen nur ein einziger genetischer Code und nur ein einziger Übersetzungsmechanismus findet.

Entstehung abgegrenzter, zellähnlicher Gebilde

Eine ungeordnete Ansammlung von Makromolekülen, wie sie in der Ursuppe wahrscheinlich vorgelegen hat, ist nur *eine* Voraussetzung für die Entstehung von Lebewesen. Jeder uns bekannte Organismus ist ein geordnetes Gebilde, das nach außen durch *Membranen* abgegrenzt ist. Membranen durchziehen auch in großer Vielfalt sein Inneres und trennen so eine Vielzahl von einzelnen Reaktionsräumen voneinander ab. Dadurch wird ein ungestörter Ablauf der verschiedenen Stoffwechselreaktionen nebeneinander möglich.

Die Frage ist demnach, wie es unter den Bedingungen der Früherde in der Ursuppe zur Bildung von abgegrenzten, strukturierten Gebilden kommen konnte.

Membranen

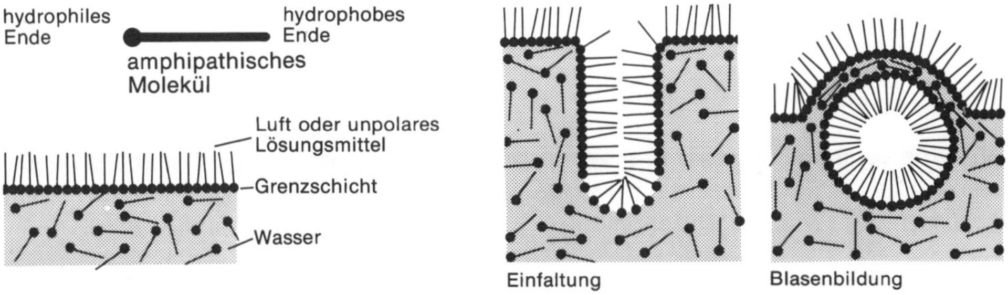

Abb. 17.1 Entstehung von Filmen und Membranen

Für die Erzeugung sehr dünner Grenzschichten sind besonders längerkettige Moleküle aus mindestens 10 Atomen mit einem hydrophilen und einem hydrophoben Ende, sog. *amphipathische* Moleküle, geeignet, z. B. Fettsäuremoleküle.
Einschichtige Filme aus solchen Molekülen bilden sich bevorzugt an den Grenzflächen zwischen nicht miteinander mischbaren Flüssigkeiten oder zwischen Luft und Flüssigkeiten.
Zweischichtige Filme *(= Lamellen oder Membranen)* entstehen beim Durchmischen zweier nicht ineinander löslicher Flüssigkeiten durch Einfaltung und Blasenbildung.
Solche Systeme stellen heute wichtige Modelle für die Untersuchung der Eigenschaften von Biomembranen dar, die im wesentlichen aus einer Doppelschicht gegeneinander gerichteter Phospholipidmoleküle bestehen. Auch Proteinmoleküle haben je nach ihrer Zusammensetzung amphipathische Eigenschaften.

In Laborversuchen wurde die abiotische Bildungsmöglichkeit von Proteinen und Fettsäuren bis zu 12 C-Atomen nachgewiesen. Weiterhin lassen sich Fettsäuren, Glycerin und Phosphat in Gegenwart von Sand bei 65 °C problemlos zu Phospholipiden, den heute wichtigsten Membranbausteinen, vereinigen. Von daher ist die Entstehung von Lipidfilmen und -doppelschichten als Vorstufen späterer Zellmembranen unschwer vorstellbar.

Koazervate

Wesentliche Versuche zur Beantwortung der Frage nach der Entstehung abgegrenzter Gebilde stammen von dem russischen Wissenschaftler *A. I. Oparin* (1924). Er vermischte stark verdünnte Lösungen verschiedener Makromoleküle miteinander und erhielt eine Ansammlung von tröpfchenförmigen Gebilden, die durch eine semipermeable Membran von der übrigen Lösung getrennt waren. Diese Tröpfchen nannte er *Koazervate.*

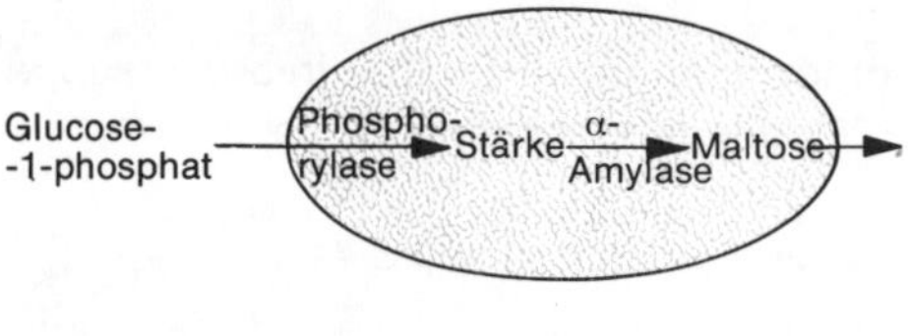

Abb. 18.1. „Stoffwechsel" eines Koazervattröpfchens

Oparin gelang es, aus einem basischen Protein und einem Polysaccharid Koazervate herzustellen, die bei ihrer Bildung zugleich die Enzyme Phosphorylase und α-Amylase mit einbauten. Wenn er diesen Koazervaten in der Lösung Glucose-1-phosphat anbot, so wurde dieses aufgenommen und zu Stärke synthetisiert. Diese wurde anschließend durch die α-Amylase zu Maltose abgebaut und als solche ausgeschieden.
Koazervate zeigen somit bereits einfache *Stoffwechselleistungen.*

Mikrosphären

Ähnliche Versuche unternahm *S. W. Fox* mit seinen abiotisch hergestellten Proteinoiden (vgl. S. 13). Er erhitzte kleine Mengen dieser Stoffe in Seewasser und erhielt beim Abkühlen viele winzige Bläschen, die er *„microspherical units"* nannte.

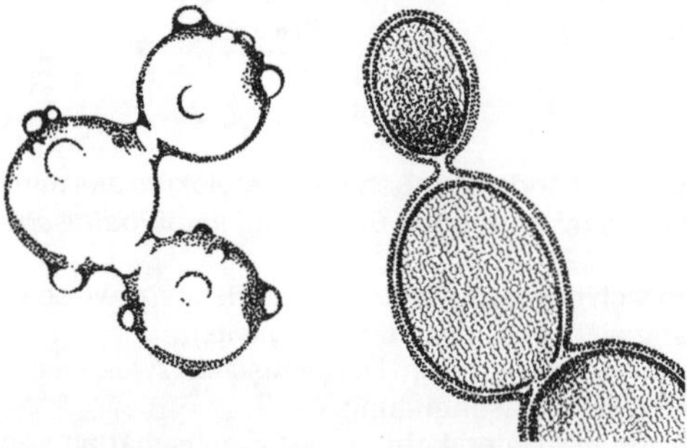

Abb. 18.2. „Knospung" von Mikrosphären
(nach elektronenmikroskopischen Bildern von S. W. Fox, 1969)

Diese *„Mikrosphären"* besitzen eine wesentlich stabilere Membran als die Koazervattröpfchen, gelegentlich treten diese Membranen sogar doppelt auf.

In Proteinoidlösungen zeigen Mikrosphären *Wachstumserscheinungen* durch Knospung und *Vermehrungsvorgänge* durch Abschnürung solcher Knospen, wenn diese eine bestimmte Größe erreicht haben.

Da eine Reihe von Proteinoiden katalytische Wirkungen zeigt (vgl. S. 13), treten einfache, stoffwechselartige Erscheinungen auch bei den Mikrosphären auf.

Koazervate und Mikrosphären sind sicher keine lebenden Systeme, aber sie zeigen doch einige wichtige Kennzeichen von diesen. Beide können daher als Modelle für mögliche Anfänge einer Organisierung und Strukturierung von Makromolekülen angesehen werden. Ob sie tatsächlich als Vorläufer lebender Zellen in Frage kommen, ist eine nicht zu beantwortende Frage.

Vorschlag für ein Referat

Entstehung und Bedeutung von Koazervaten und Mikrosphären nach Dose, K.: Chemische Evolution und die Ursprünge präbiotischer Systeme. In: Umschau 67, 683, 1967, und Lit. [11].

Aufgaben

1. Erläutern Sie die Voraussetzungen für die abiogene Entstehung von Membranen.
2. Welche Ursachen kommen für Stoffaustauschvorgänge in Mikrosphären infrage?

2 Bildung und Evolution zellulärer Organismen

2.1 Urlebewesen, Protobionten

Hyperzyklische Systeme könnten sich auf verschiedene Weise mit Membranen umgeben haben. Am wahrscheinlichsten wäre wohl die Membranbildung aus selbstproduzierten Molekülen, wie Proteinen, Fettsäuren und anderen amphipatischen Substanzen. In diesem Fall wäre die Fähigkeit zur Membranbildung gleich vererbbar gewesen. Vielleicht haben sich aber auch die Membranen nach Art der Koazervate oder Mikrosphären gebildet.
Die aus Hyperzyklus und Membran bestehenden Gebilde müßten jedenfalls Eigenschaften besessen haben, wie wir sie zusammen nur lebenden Systemen zuschreiben: Stoffwechsel, Wachstum, Selbstregulation, Reproduktion und Vererbung und vor allem die Fähigkeit zur Mutation. Derartige hypothetische Gebilde bezeichnet man als *Urlebewesen oder Protobionten.* Protobionten müßten sich heterotroph von Molekü-

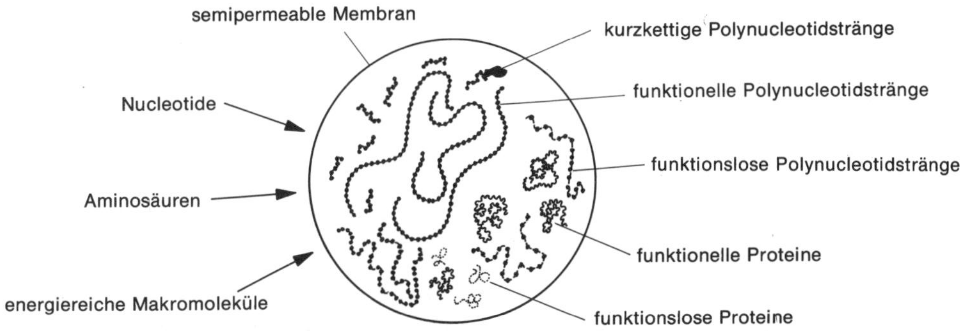

Abb. 19.1. Denkbarer Aufbau einer Protobionten

len ernährt haben, die durch die abiotischen Synthesen geliefert wurden. Die abiotische oder chemische Evolution bildete demnach die Grundlage der jetzt beginnenden *biologischen Evolution.*

2.2 Entwicklung von Stoff- und Energiewechsel

Energiegewinnung ohne Sauerstoff

Die ersten Protobionten konnten ihren Bedarf an Baustoffen (Aminosäuren und Nucleotiden) und an energiereichen Verbindungen (Zucker, Nucleosiddi- und -triphosphate) zum Betrieb ihres Stoffwechsels wohl direkt aus der Ursuppe decken. Mit zunehmender Zahl der Protobionten wird allerdings die verfügbare Menge dieser Verbindungen abgenommen haben. Protobionten, die energiereiche Nucleosidphosphate aus abiotisch entstandenen Zuckern selbst synthetisieren konnten, wären dann gegenüber den anderen im Vorteil gewesen.

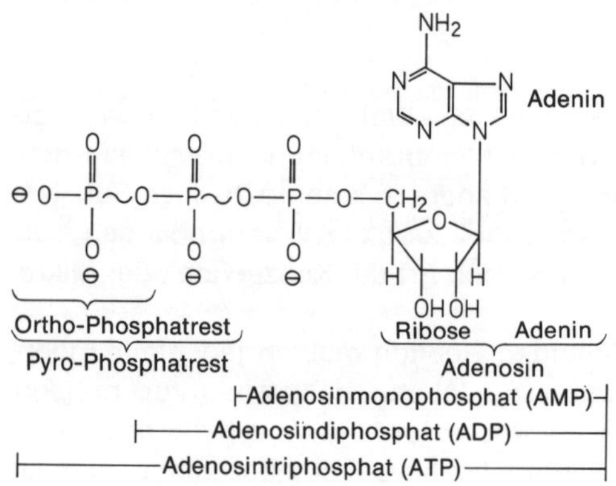

Abb. 20.1. ATP-Molekül

In fast allen Fällen dient heute nur ein einziges der möglichen Nucleosidtriphosphate, das *Adenosintriphosphat (ATP),* als Speicher- und Transportform für chemische Energie. Man muß daher annehmen, daß die „Entscheidung" für das ATP bereits in der Protobiontenphase des Lebens gefallen ist und sich durchgesetzt hat.
Für diese ersten biogenen ATP-Synthesen stand kein Sauerstoff zur Verfügung, so daß wir uns diese Protobionten ähnlich manchen noch heute existierenden *heterotrophen, anaeroben, gärenden* Bakterien vorstellen können.

Diese gewinnen die Energie für den Aufbau von ATP aus Zuckern, indem sie in der Glykolyse den Phosphatrest von Phosphorsäureestern auf ein Nucleosiddiphosphat übertragen:

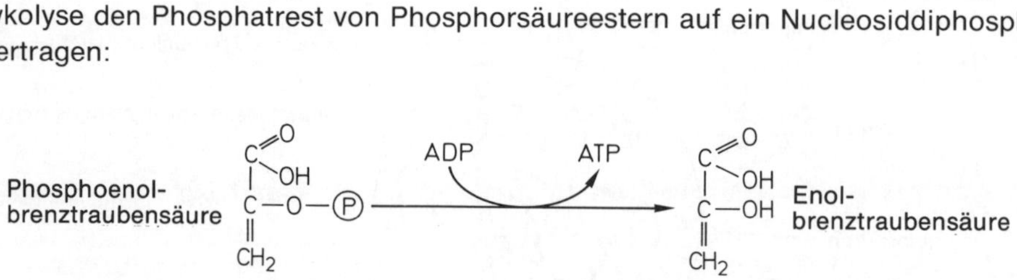

Auch die Möglichkeit, anorganisches Phosphat auf Umwegen zur ATP-Synthese heranzuziehen, ist aus der Glykolyse bekannt. Die Energie stammt dabei aus einem Dehydrierungsschritt:

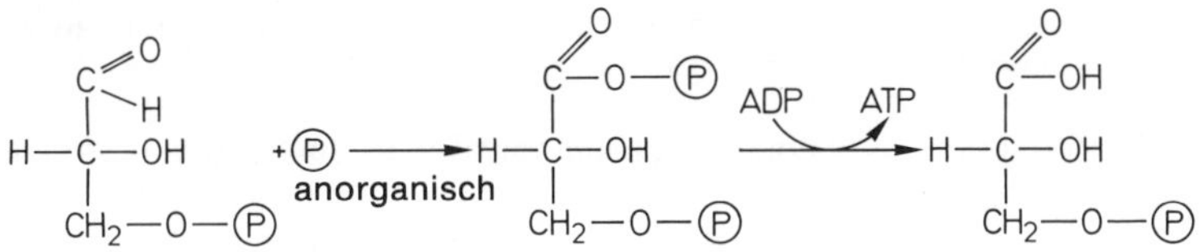

3-Phospho-Glycerinaldehyd 1,3-Diphospho-Glycerinsäure 3-Phospho-Glycerinsäure

Organismen, die ihren Energiebedarf aus Gärungen decken, haben keine hohen Syntheseraten, weil der Energiegewinn vergleichsweise gering ist:

alkoholische Gärung: $C_6H_{12}O_6 \longrightarrow 2\,CH_3\text{–}CH_2\text{–}OH + 2\,CO_2 \quad \Delta H = -\ 88\ kJ/mol$

Milchsäuregärung: $C_6H_{12}O_6 \longrightarrow 2\,CH_3\text{–}CHOH\text{–}COOH \quad \Delta H = -\ 92\ kJ/mol$

aerobe Atmung: $C_6H_{12}O_6 + 6\,O_2 \longrightarrow 6\,CO_2 + 6\,H_2O \quad \Delta H = -2872\ kJ/mol$

Außerdem hätte ein zunehmender Mangel an abiotisch entstandenen Zuckern diejenigen Organismen begünstigt, die ihren Energiebedarf aus anderen Quellen, z. B. dem Sonnenlicht, oder lichtunabhängigen chemischen Reaktionen decken konnten.

Manche chemoautotrophen Bakterien gewinnen noch heute Energie für die Versorgung mit ATP und Reduktionsäquivalenten aus der Oxidation anorganischer Moleküle, z. B. die Eisen-, Schwefel- und Nitritbakterien. Einige sehr ursprüngliche Arten autotropher Cyanobakterien betreiben dabei eine CO_2-Assimilation, wie sie im Calvin-Zyklus der Pflanzen (vgl. Lb. der Stoffwechselchemie) abläuft. Andere Arten fixieren CO_2 in einem „rückwärts ablaufenden Citronensäure-Zyklus" und erzeugen so aktivierte Essigsäure und Brenztraubensäure als Bausteine für höhere Kohlenstoffverbindungen. Dies zeigt, daß auch schon vor der „Erfindung" der Photosynthese eine autotrophe Lebensweise möglich war. Unter den energieliefernden Reaktionen hat die Entstehung von Pyrit aus Eisen (II)-sulfid und Schwefelwasserstoffgas das besondere Interesse der Evolutionsforscher gefunden:

$$FeS + H_2S \longrightarrow FeS_2 + H_2$$
$$FeS + HS^- \longrightarrow FeS_2 + H^+ + 2e^-$$

Das System stellt eine Elektronen- und Wasserstoffquelle mit einem starken Potentialgefälle dar ($E_o = -620$ mV) und liefert genug Energie, um die CO_2-Assimilation in einem Calvin- oder umgekehrten Citronensäure-Zyklus anzutreiben. Entsprechende Experimente haben gezeigt, daß die Energie aber auch ausreicht, um CO_2 mit dem Wasserstoff direkt zu organischen Gruppen umzusetzen:

$$HCO_3^- + FeS + H_2S \longrightarrow HCOO^- + H_2O + FeS_2$$
$$HCOO^- + FeS + H_2S + H^+ \longrightarrow HCHO + H_2O + FeS_2$$

Vielleicht hat die chemische Evolution an diesem Reaktionssystem und nicht in der Ursuppe ihren Ausgang genommen, und die ersten Zellvorläufer waren Pyritkristalle, umschlossen von einer Schicht organischer Verbindungen, unter deren Schutz sich auch kompliziertere Moleküle und Reaktionen relativ ungestört hätten entwickeln können. Die zufällige Entdeckung von Pyritkristallen im Zellinneren von mehreren sehr urtümlichen Bakterien, für die es bislang keine sinnvolle Erklärung gab, kann vielleicht als weiterer Hinweis in diese Richtung gelten. Jedenfalls stellt diese Hypothese heute eine weithin akzeptierte Alternative zum bisher favorisierten „Ursuppen-Modell" dar.
Einige Bakterienarten, die auch heute noch eine einfache Form der *Photosynthese* betreiben, wie z. B. die Purpurbakterien, geben Hinweise auf eine andere mögliche Abfolge der Hauptschritte auf dem Weg zur *lichtabhängigen, autotrophen* Lebensweise: Ein erster Schritt muß die

Bildung eines lichtabsorbierenden Chromoproteids („Bakteriochlorophyll") gewesen sein, das die absorbierte Lichtenergie über einen zyklischen Elektronentransport für die Bildung von ATP nutzen konnte.

Ein weiterer Schritt könnte die Fähigkeit zur photolytischen Spaltung von Verbindungen des Typs HA gewesen sein, die leichter als Wasser gespalten werden können, wie z. B. H_2S. Dadurch wurde die Gewinnung von ATP über einen nichtzyklischen Elektronentransport sowie die Bereitstellung von Reduktionsäquivalenten (vgl. Lb. d. Biochemie) möglich. Beides zusammen ist die Voraussetzung für den entscheidenden Schritt der Assimilation von Kohlenstoffdioxid aus der Atmosphäre zu energiereichen Kohlenhydraten:

$$6\,CO_2 + 12\,H_2S \xrightarrow[\text{Chlorophyll-I}]{\text{Lichtenergie}} C_6H_{12}O_6 + 6\,H_2O + 12\,S$$

Bei dieser primitiveren Form der Photosynthese entsteht kein Sauerstoff. Die Bildung von Sauerstoff und seine Anreicherung in der Atmosphäre konnte erst einsetzen, nachdem ein zweites Photopigmentsystem (Chlorophyll-II) entwickelt worden war, das jetzt auch, wie bei manchen Cyanobakterien und höheren Pflanzen, die Photolyse des Wassers ermöglichte:

$$6\,CO_2 + 12\,H_2O \xrightarrow[\text{Chlorophyll-I und II}]{\text{Lichtenergie}} C_6H_{12}O_6 + 6\,H_2O + 6\,O_2$$

Mit dem Beginn der Anreicherung von Sauerstoff in der Atmosphäre vor etwa drei Milliarden Jahren entstand die Voraussetzung für die Energiegewinnung aus biologischen Oxidationen.

Energiegewinnung mit Hilfe von Sauerstoff

Manche Bakterien gewinnen noch heute Energie aus der Oxidation anorganischer Moleküle, z. B. die Eisen-, Schwefel- und Nitritbakterien. Einen entscheidenden Fortschritt stellt demgegenüber die Energiegewinnung durch *Atmung* dar, wobei letztlich Traubenzucker durch Sauerstoff zu Kohlenstoffdioxid und Wasser oxidiert wird. Dabei wird wesentlich mehr ATP gebildet und damit Energie gewonnen als bei anaeroben Gärungsvorgängen (vgl. S. 21).

Vorschlag für Referate

1. Mögliche Bedeutung der Porphyrine für die Entwicklung autotropher Organismen nach Lit. [11], [12].
2. Arten der Energiegewinnung bei Bakterien nach Lit. [13].
3. Bedeutung phototropher Bakterien für die Entstehungsgeschichte der Photosynthese nach Lit. [11], [12], [13].
4. Pyrit gegen Ursuppe, nach „Die Eisen-Schwefel-Welt: das Ende der Ursuppe". In: ChiuZ 5, 206,1992.
5. Vermehrung von Protobionten nach Lit. [5], [13].

Aufgaben

1. Wodurch unterscheidet sich die Photosynthese der Purpurbakterien von der höherer Pflanzen?
2. Erläutern Sie den Begriff „energiereiche Bindung" am ATP-Molekül.
3. Zeigen Sie an einfachen Skizzen den Unterschied zwischen zyklischem und nichtzyklischem Elektronentransport.

2.3 Entstehung echter Zellen

In den heutigen autotrophen wie auch heterotrophen Zellen spielen sich nur sehr wenige der Stoffwechselreaktionen im freien Zellplasma ab (glykolytische Phosphorylierungen, einige Gärungsreaktionen). Kompliziertere Vorgänge sind fest an verschiedene Zellstrukturen gebunden, weil erst eine bestimmte räumliche Anordnung der fixierten Enzyme einen geordneten Reaktionsablauf ermöglicht. Mit zunehmender Komplizierung des gesamten Wirkungsgefüges der Stoffwechselreaktionen wuchs also auch die Notwendigkeit einer räumlichen Strukturierung des Zellinnern. Das wichtigste Strukturelement ist dabei die *„biologische Einheitsmembran"*, deren abiotische Entstehungsmöglichkeit nachgewiesen ist (S. 17). Wie sich daraus die vielfältigen, höchst komplizierten Strukturen innerhalb der heutigen Zellen entwickelt haben, wissen wir nicht. Wir dürfen aber annehmen, daß wiederum Organismen mit besser geordneten Stoffwechselabläufen, also weitergehender Strukturierung, solchen mit einfacherer Strukturierung überlegen waren und diese verdrängten.

Die uns heute bekannten Zellen gehören zwei verschiedenen Organisationsstufen an:

Der kleinen *Procyte* der Bakterien und Cyanobakterien („blaugrüne Algen") fehlt ein umgrenzter Zellkern, fehlen Mitochondrien und andere typische Zellorganellen. Bakterien und Cyanobakterien werden deshalb als *Prokaryonten* bezeichnet.

Die größere *Eucyte* aller übrigen Lebewesen besitzt einen echten Zellkern mit Kernmembran und andere membranumschlossene Zellorganellen. Lebewesen mit solchen Zellen bezeichnet man deshalb als *Eukaryonten.*

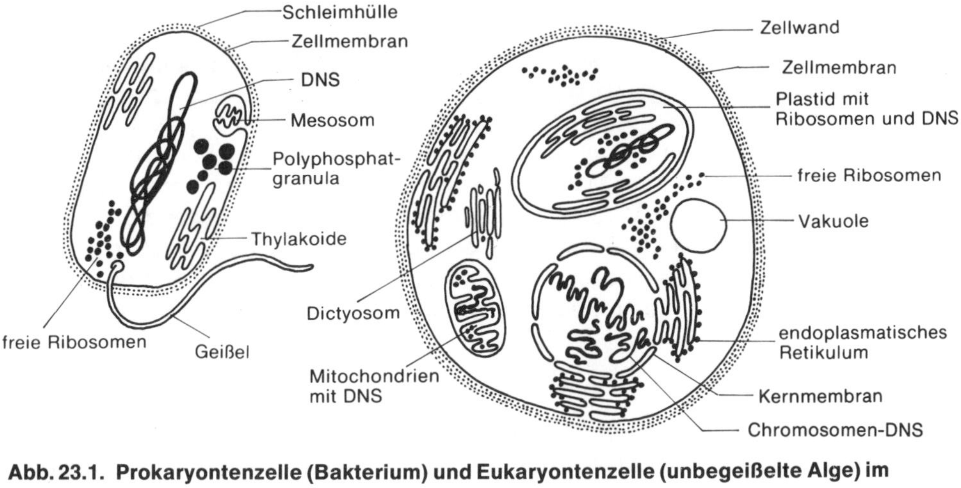

Abb. 23.1. Prokaryontenzelle (Bakterium) und Eukaryontenzelle (unbegeißelte Alge) im Vergleich

Endosymbiontenhypothese

Eine Reihe von Wissenschaftlern nimmt an, daß Plastiden, Mitochondrien und evtl. auch Geißeln nichts anderes sind als ehemals selbständige Protobionten, die von heterotrophen Individuen aufgenommen, aber nicht verdaut worden sind und nun mit diesen in Form einer *Endosymbiose* zusammenleben.
Neuere molekularbiologische Untersuchungen lassen sogar vermuten, daß die Plastiden in den Zellen der höheren Pflanzen während der Evolution mehrmals und unabhängig voneinander entstanden sind.

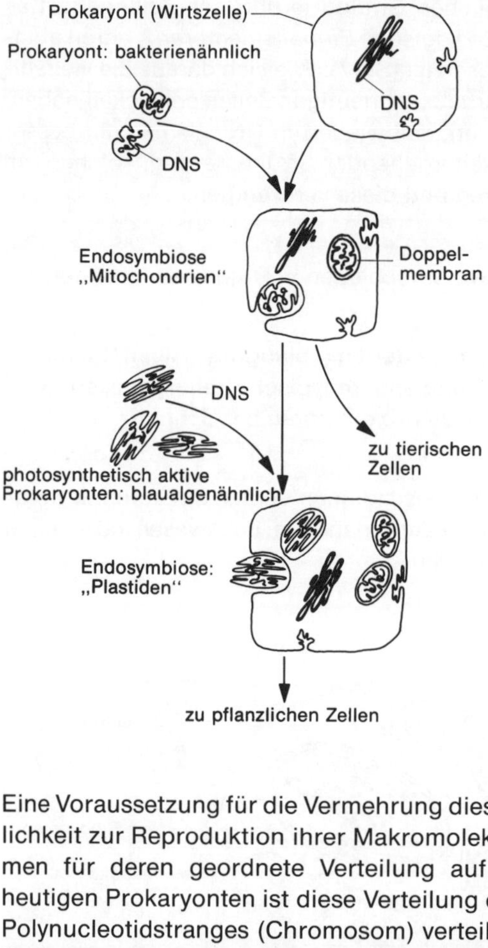

Für diese *Endosymbiontenhypothese* sprechen einige Befunde:

– Mitochondrien und auch Plastiden können von einer Zelle nicht völlig neu gebildet werden, sondern entstehen nur durch Teilung aus ihresgleichen.
– Mitochondrien wie Plastiden besitzen eine eigene DNS und einen eigenen Proteinsyntheseapparat.
– Mitochondrien und Plastiden sind von einer doppelten Hülle verschiedener chemischer Zusammensetzung umgeben, als wären sie beim Eindringen in den Wirtsorganismus zusätzlich von dessen Membran umgeben worden.
– Einige rezente Grünalgen nehmen Cyanobakterien als Plastidenersatz auf, wenn sie ihre eigenen Plastiden verloren haben.
– Eine Amöbenart baut Bakterien anstelle von Mitochondrien ein.
– Einzelne Schnecken- und Paramaecienarten nehmen einzellige Grünalgen auf, die photosynthetisch aktiv bleiben und bei der Fortpflanzung mit weitergegeben werden.

Abb. 24.1. Endosymbiontenhypothese

Eine Voraussetzung für die Vermehrung dieser ersten zellulären Gebilde war die Möglichkeit zur Reproduktion ihrer Makromoleküle (S. 14 mit 16). Dazu waren Mechanismen für deren geordnete Verteilung auf die Tochterzellen notwendig. Bei den heutigen Prokaryonten ist diese Verteilung einfach, da nur die Kopien eines einzigen Polynucleotidstranges (Chromosom) verteilt werden müssen. Bei allen Eukaryonten findet diese Verteilung auf dem wesentlich komplizierteren Weg der Mitose statt.

Aufgaben

1. Nennen Sie die Organellen der Eucyte und erläutern Sie ihre Funktionen.
2. Versuchen Sie zwischen der Nahrungsaufnahme von Einzellern (Amöbe, Paramaecium) und der Endosymbiontenhypothese Zusammenhänge herzustellen.

2.4 Entstehung vielzelliger Organismen

Als Modelle für einen möglichen Ablauf der Entstehung von Vielzellern können einige begeißelte Grünalgen dienen:

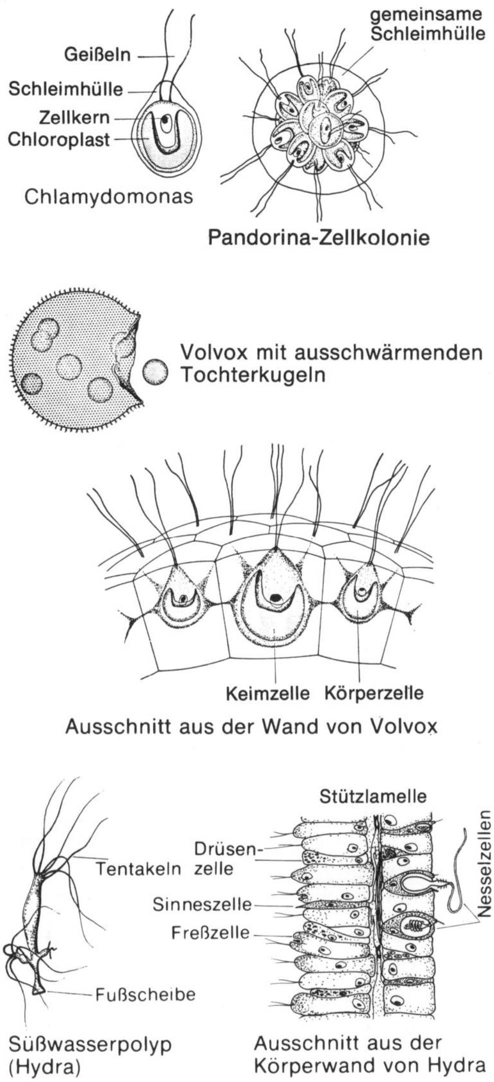

Abb. 25.1. Einzeller, Zellkolonie, Vielzeller

Chlamydomonas ist eine einzellige, von einer Schleimhülle umgebene Alge, die sich durch Zweiteilung vermehrt.

Bei *Pandorina* entstehen durch wiederholte Teilungen 2–16 Tochterzellen, die jedoch die gemeinsame Schleimhülle nicht mehr verlassen und so eine *Zellkolonie* bilden. Alle Zellen sind untereinander durch plasmatische Strukturen verbunden, wodurch ein synchroner Schlag aller Geißeln bei der Fortbewegung ermöglicht wird. Die Einzelzellen sind sonst völlig unabhängig voneinander und können sich auch eigenständig vermehren.

Bei *Eudorina* entstehen bis zu 32, bei *Pleodorina* bis zu 128 Tochterzellen, die miteinander eine gallertige Hohlkugel bilden. Hier sind jedoch bereits einige Zellen nicht mehr teilungsfähig und gehen zugrunde, wenn sich die Kolonie auflöst.

Weiter fortgeschritten ist die Differenzierung bei der Kugelalge *Volvox*. Von den bis zu 20 000 einzelnen Zellen sind nur noch einige wenige zur Fortpflanzung fähig. Alle übrigen bilden die Körpermasse und gehen zugrunde, wenn die Tochterkolonien die Mutterkugel verlassen. Die Differenzierung in Körper- und Fortpflanzungszellen hat somit eine Beschränkung der Lebensdauer des Gesamtorganismus und das Auftreten einer Leiche am Lebensende zur Folge, während die durch Totalteilung sich vermehrenden Einzeller ebenso wie die Keimzellen von Vielzellern potentiell unsterblich sind.

Ein weiterer Schritt auf dem Weg zu den vielzelligen Lebewesen besteht in der Differenzierung der Körperzellen in verschiedene Zelltypen, die durch Arbeitsteilung die Leistungen des Gesamtorganismus verbessern. Als Modell für einen solchen frühen Vielzeller kann der *Süßwasserpolyp Hydra* dienen.

Vorschlag für Referate

1. Zelldifferenzierung beim Süßwasserpolypen nach Lit. [6] und Lehrb. der Mittelstufe.
2. Differenzierungen beim Amphibienkeim (Zellenverpflanzungsversuche von Spemann) nach Lit. [6] und BiuZ 4, 1985.

2.5 Zeitlicher Überblick über die frühen Phasen der Evolution

Das Alter von Gesteinsschichten läßt sich oftmals anhand von radioaktiven Einschlüssen direkt messen (Kap. 4.1). Wie lange die frühen Phasen der chemischen und biologischen Evolution zurückliegen, muß im wesentlichen indirekt erschlossen werden:

- aus chemischen Experimenten
- aus Strukturen und Funktionen heutiger Lebewesen
- aus Fossilfunden, die aus dieser Zeit nur in verschwindend geringer Zahl und in einem Erhaltungszustand vorliegen, der eine eindeutige Identifikation meist unmöglich macht.

Die Zeitangaben sind dementsprechend mit großen Unsicherheiten behaftet.

	Entstehung des Weltalls	Entstehung der Erde	Entstehung der festen Erdoberfläche	
Veränderungen der Atmosphäre	reduzierende Uratmosphäre mit H_2, CH_4, NH_3, H_2O, ...			oxidierende Atmosphäre mit zunehmendem O_2-Gehalt
Organisationsstufen des Lebens				erste Pflanzen und Tiere Einzeller Protobionten
Stoffwechselschritte				Atmung Photosynthese Gärungen
Evolutionsstufe	abiotische oder chemische Evolution			biotische Evolution
	13	5	4	3 2 1

Milliarden Jahre zurück

Tab. 26.1. Frühphasen der Evolution im zeitlichen Überblick

Die ältesten bisher bekannten Spuren von Lebewesen stammen aus über drei Milliarden Jahre alten südafrikanischen und nordamerikanischen Gesteinen und rühren mit hoher Wahrscheinlichkeit von blaualgenähnlichen Protobionten her. Meist handelt es sich bei diesen Spuren nur um lokal erhöhte Konzentrationen organischer Makromoleküle: Aminosäuren, Bruchstücke von Chlorophyll und anderen Porphyrinen, Sterine usw.

Die Gewißheit, daß diese Molekülbruchstücke nicht aus abiotischen Synthesen stammen, bezieht man aus ihrer optischen Aktivität. Abiotisch (synthetisch) entstandene Moleküle liegen als „Racemate" vor, sind also optisch inaktiv (vgl. Lb. der organischen Chemie und Biochemie).

Die ältesten Fossilien vielzelliger Organismen, die wir kennen, sind knapp eine Milliarde Jahre alt. Die bekanntesten stammen aus Australien (Ediacara Hills, S. 40).

3 Hinweise auf die Stammesverwandtschaft der höheren Pflanzen und Tiere

Die Vielfalt der gegenwärtig auf der Erde lebenden Organismen ist äußerst eindrucksvoll. Schon früh reizte diese Vielfalt den Menschen, Ordnungssysteme aufzustellen, um Pflanzen und Tiere mit Hilfe sicherer Merkmale bestimmen und klassifizieren zu können (vgl. S. 5). Dieses noch heute andauernde Bestreben führte zu der Erkenntnis, daß die beobachtbare Vielfalt nicht chaotisch, sondern durch ein System vielfältiger, *abgestufter Ähnlichkeiten* gegliedert ist.
Dabei muß man zwei Typen von Ähnlichkeiten unterscheiden:

3.1 Analogie und Homologie

Abb. 27.1. Analogie von Vorderextremitäten

Maulwurf und Maulwurfsgrille besitzen ähnlich breite und kurze Vorderbeine, die zum Graben im Erdreich bestens geeignet sind.

Derartige nur äußerliche Ähnlichkeiten von Organen, Körperformen, Verhaltensweisen usw., die derselben Funktion dienen, bezeichnet man als *Analogien.* Man faßt sie als Ergebnisse der Anpassung verschiedener Lebewesen an gleichartige Umweltbedingungen (*konvergente Entwicklung*) auf. Analogien geben daher keine Hinweise auf Stammesverwandtschaft.

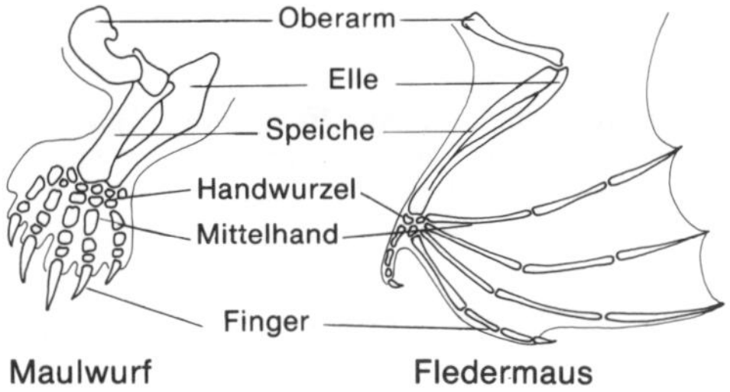

Abb. 27.2. Homologie von Vorderextremitäten

Das Grabbein eines Maulwurfs und der Flügel einer Fledermaus besitzen auf den ersten Blick keinerlei Ähnlichkeit. Beide haben unterschiedliche Funktionen.

Erst eine vergleichend anatomische Untersuchung deckt hier Ähnlichkeiten in *Anzahl und Lage der einzelnen Bauteile* zueinander (im sog. *Bauplan)* auf. Beide Gliedmaßen lassen denselben allgemeinen Bauplan von Wirbeltierextremitäten in jeweils abgewandelter Form erkennen.

Ähnlichkeiten im Bauplan von Organen, die bei verschiedenen Lebewesen in Anpassung an verschiedene Funktionen durchaus verschiedenes Aussehen haben können, bezeichnet man als *Homologien.* Sie werden als Folge gemeinsamer genetischer Information auf Grund der Abstammung von gemeinsamen Vorfahren (Stammesverwandtschaft) aufgefaßt.

3.2 Anatomisch-morphologische Homologie, Homologiekriterien

Homologiekriterium der Lage

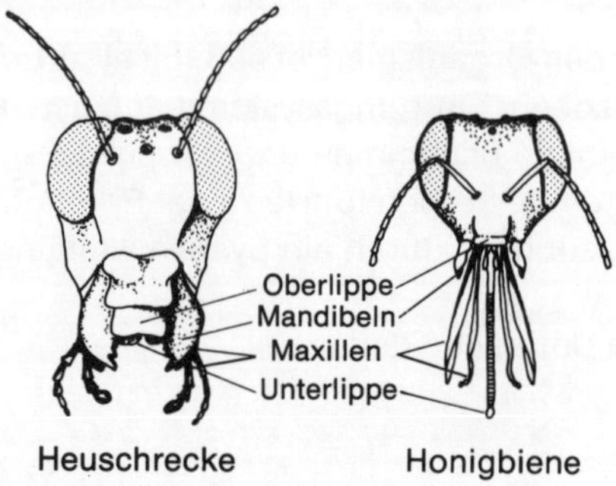

Abb. 28.1. Homologie von Mundwerkzeugen

Die Mundwerkzeuge verschiedener Insekten, z. B. einer Heuschrecke und einer Biene, zeigen zum Teil gewaltige Unterschiede in ihrem Aussehen und auch in ihrer Funktion. Dennoch lassen Zahl und Anordnung ihrer einzelnen Teile einen gemeinsamen Bauplan erkennen.

Dasselbe gilt für die ebenfalls ganz unterschiedlich gestalteten Gliedmaßen, wie z. B. das Sprungbein einer Heuschrecke und das Sammelbein einer Arbeitsbiene.

Abb. 28.2. Homologie im Blütenbau

Die Einzelteile der Blüten, z. B. einer Königskerze und eines Löwenmäulchens, können trotz ihres verschiedenen Baues einem gemeinsamen Bauplan zugeordnet werden, der im *Blütendiagramm* sichtbar wird.

Beide Blüten sind fünfzählig und verwachsen-kronblättrig. Die unterschiedlichen Symmetrieverhältnisse sind hier von untergeordneter Bedeutung, da sie nur Äußerlichkeiten, nicht aber den Bauplan betreffen.

Die Organe verschiedener Lebewesen sind dann homolog, wenn sie nach Zahl und Anordnung einem gemeinsamen Bauplan zugeordnet werden können.

Homologiekriterium der Kontinuität.

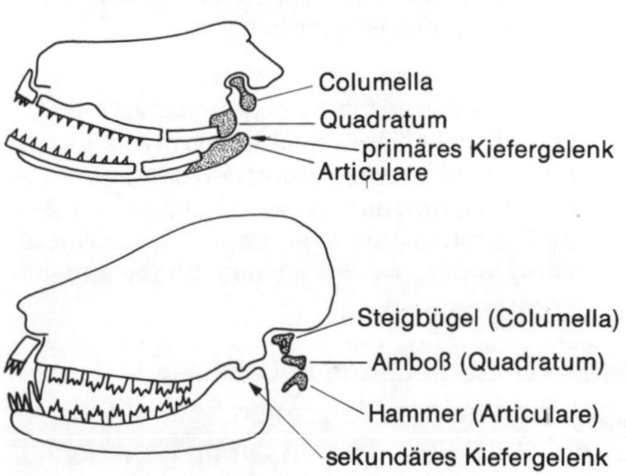

Abb. 28.3. Funktionswechsel homologer Knochen im Säugetierschädel

Das Kiefergelenk der Amphibien, Reptilien und Vögel wird von zwei charakteristischen Knochen gebildet, dem Quadratum und dem Articulare. Ein drittes Knöchelchen, die Columella, dient der Schallübertragung vom Trommelfell zum Innenohr.

Im Kiefergelenk der Säugetiere findet man diese Knochen nicht. Das Gelenk wird hier vom zahntragenden Unterkieferknochen und dem Schläfenbein gebildet. Die Schallübertragung vom Trommelfell zum Innenohr erfolgt über drei Gehörknöchelchen: Hammer, Amboß und Steigbügel.

Wie lassen sich diese Unterschiede erklären?

Verfolgt man die Bildung von Kiefergelenk und Gehörknöchelchen bei Säugetierembryonen, so erkennt man, daß die Knochen, aus denen später Hammer und Amboß werden, zunächst im Kieferbereich liegen und erst im Laufe der Embryonalentwicklung in den Bereich des Mittelohrs wandern. Daraus kann man schließen, daß Quadratum und Articulare des sog. „primären Kiefergelenks" der niederen Wirbeltiere den beiden Gehörknöchelchen Hammer und Amboß der Säugetiere homolog sind.

Gestützt wird dieser Schluß durch eine kontinuierliche Reihe fossiler Reptilien-Säuger-Zwischenformen (Kap. 4.2). Daran läßt sich der *„Funktionswechsel"* der Knochen des primären Kiefergelenks zu Gehörknöchelchen und die Neubildung eines „sekundären Kiefergelenks" zweifelsfrei verfolgen.

Körperteile oder Organe sind trotz verschiedener Lage im Bauplan homolog, wenn sie sich durch Zwischenformen verbinden lassen, die untereinander mit Hilfe des Kriteriums der Lage homologisierbar sind.

Homologiekriterium der spezifischen Qualität

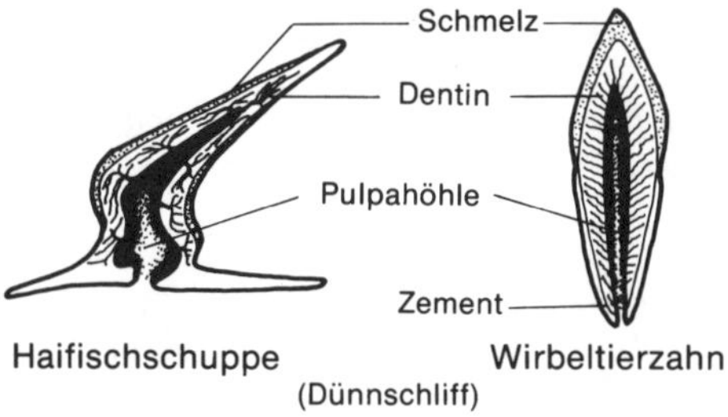

Abb. 29.1. Homologie aufgrund spezifischer Strukturen

Die Haut der Haie ist mit unzähligen spitzen Knochenschuppen bedeckt. Fertigt man davon Dünnschliffe an, so erkennt man, daß ihr Aufbau mit dem der Haifischzähne, aber auch mit dem der Zähne aller übrigen Wirbeltiere im Prinzip identisch ist.

Deshalb können Haifischschuppen und Wirbeltierzähne als homologe Organe bezeichnet werden. Sie stimmen in spezifischen Baumerkmalen überein.

Komplex gebaute Organe sind dann homolog, wenn sie in zahlreichen Einzelheiten des Baues übereinstimmen.

Rudimentäre Organe

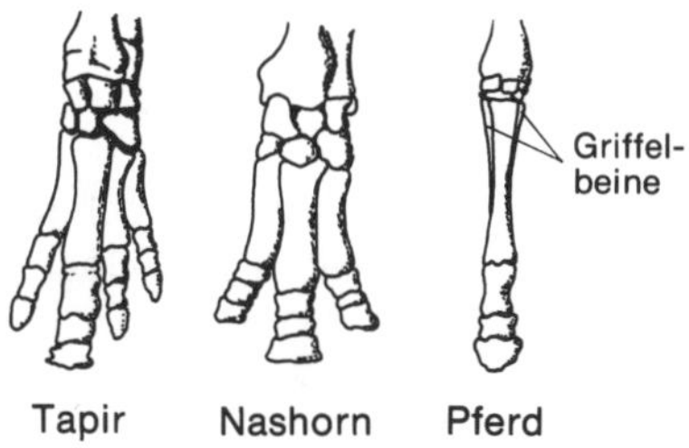

Abb. 29.2. Griffelbeine der Pferde als rudimentäre Mittelfußknochen

Der eine Mittelfußknochen der Pferde ist von zwei dünnen Knochen flankiert, den Griffelbeinen, die keine erkennbare Funktion haben.

Der Vergleich des Pferdefußes mit dem Fuß eines Tapirs oder Nashorns erweist die Griffelbeine auf Grund ihrer Lage als homolog den zehentragenden Mittelfußknochen anderer Säugetiere.

Die Existenz der Griffelbeine zwingt zu der Annahme, daß die heutigen Pferde von Ahnenformen mit mehrstrahligen Extremitäten abstammen.

Derartige funktionslose, rückgebildete Organe bezeichnet man als *rudimentäre Organe.* Sie können wesentliche Hinweise auf Verwandtschaft und Abstammung geben.

Weitere Beispiele für rudimentäre Organe sind die kleinen Beckenknochen sowie Ober- und Unterschenkelknochen im Körperinneren bestimmter Wale, Reste von Beckenknochen bei manchen Riesenschlangen und Blindschleichen oder die Flügelstummel beim neuseeländischen, flugunfähigen Kiwi.
Als rudimentär kann man beim Menschen die Restbehaarung, das Steißbein, die Restmuskulatur der Ohren und die Weisheitszähne bezeichnen.

Atavismen

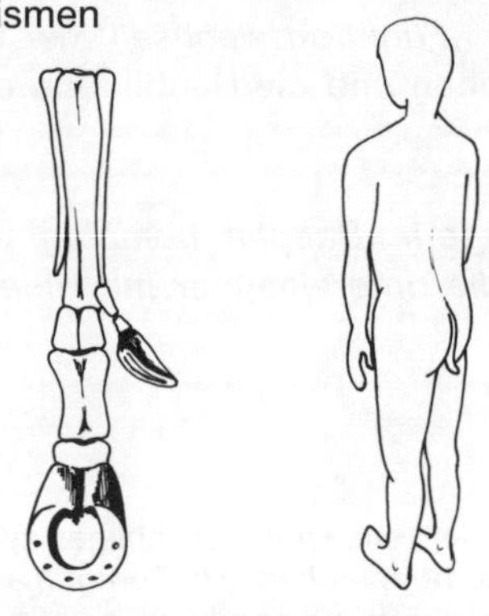

Abb. 30.1. Beispiele für Atavismen

In seltenen Fällen tritt bei einzelnen Individuen ein rudimentäres Organ in einer weniger stark zurückgebildeten Form auf als normal: z. B. ein verlängertes Griffelbein mit Zehenknochen und Huf bei Pferden, ein schwanzartig verlängertes Steißbein beim Menschen oder äußerlich sichtbare Hintergliedmaßen beim Pottwal.

Derartige Bildungen werden *„Atavismen"* genannt. Man faßt sie als Merkmale von Ahnenformen auf und erklärt sie als außergewöhnliche Verwirklichungen von genetischer Information, die normalerweise unterdrückt ist.

Aufgaben

1. Begründen Sie, welche Merkmale der vier abgebildeten Tiere analog und welche homolog sind.

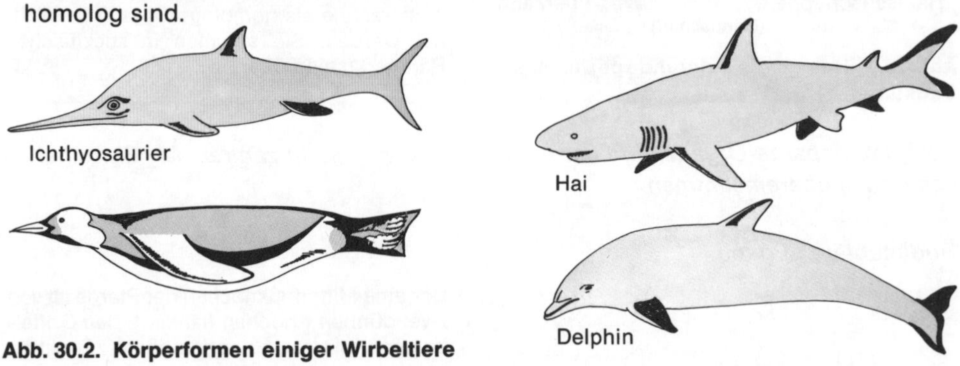

Abb. 30.2. Körperformen einiger Wirbeltiere

2. Vergleichen Sie an Skeletten die Schultergürtel von Vogel und Mensch und versuchen Sie die Bauteile zu homologisieren.
3. Auf Grund welcher Kriterien kann man behaupten, die Schwingkölbchen der zweiflügligen Insekten (Fliegen und Mücken) seien dem zweiten Flügelpaar der vierflügligen Insekten homolog?
4. Mit welchem Teil einer Tomatenpflanze läßt sich eine Kartoffelknolle homologisieren?
5. Vergleichen Sie die Blüte einer wildwachsenden Heckenrose mit der einer gefüllten Zuchtrose und versuchen Sie die Bauteile zu homologisieren.

3.3 Homologie von Embryonalstadien, biogenetische Regel

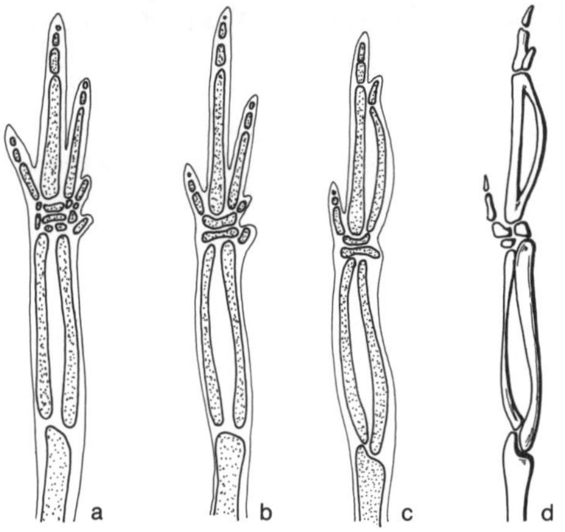

Abb. 31.1. Entwicklung des Vogelflügels

Das Armskelett eines erwachsenen Vogels (d) erscheint für seine Funktion als Flügelgerüst bestens geeignet. Untersucht man die Bildung dieses Organs im Verlauf der Embryonalentwicklung, so erkennt man, daß sich diese spezialisierte Struktur schrittweise aus einer Anlage entwickelt, die den Grundbauplan der fünfstrahligen Wirbeltierextremität zeigt.

Das ist ein Hinweis dafür, daß die Vögel von Wirbeltieren mit fünfstrahligen Vorderextremitäten abstammen.

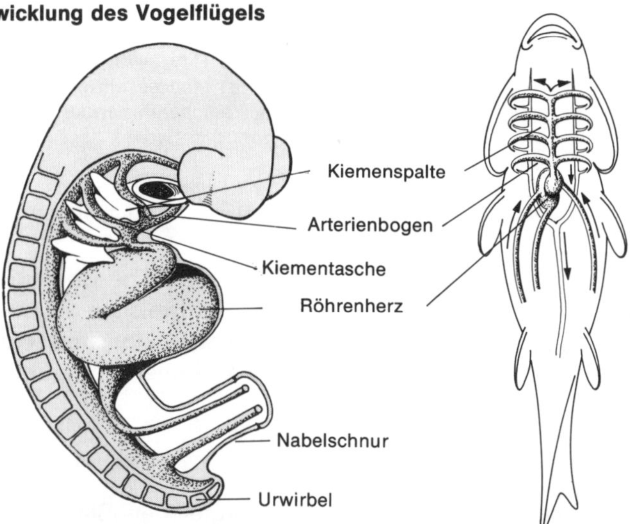

Abb. 31.2. Anlagen von Kiemenspalten und Kiementaschen bei einem menschlichen Embryo im Vergleich mit einem Fisch

Alle Säugetiere, einschließlich des Menschen, haben in frühen Embryonalstadien ein S-förmiges Röhrenherz, das große Ähnlichkeit mit dem Herz der Fische, besonders der Fischembryonen, zeigt. Es werden, wie bei den Fischen, drei bzw. vier Arterienbögen ausgebildet, zwischen denen sich der Darm taschenartig ausstülpt. Die späteren Embryonalstadien haben Ähnlichkeit mit denen der höheren Wirbeltiere in aufsteigender Reihenfolge: Amphibien und Reptilien.
Das häufig zu beobachtende Auftreten von Organisationsmerkmalen erdgeschichtlich älterer Lebewesen in embryonalen Stadien rezenter Tiere und Pflanzen läßt sich nur erklären, wenn man eine stammesgeschichtliche Abstammung der Lebewesen voneinander annimmt.

Ernst Haeckel (1834–1919) glaubte aus diesen Tatsachen ein allgemein gültiges Gesetz ableiten zu können, das er *„biogenetisches Grundgesetz"* nannte und folgendermaßen formulierte: *„Die Ontogenesis ist die kurze und schnelle Wiederholung der Phylogenesis".*

Es trifft nicht für alle Strukturen zu, weil der Embryo auch solche anlegt, die ausschließlich für seine augenblickliche Lebensweise erforderlich sind. Beispiele hierfür sind Eihäute und Dottersack von Fischembryonen, die Abdominalkiemen der Larven von Eintagsfliegen, Libellen und Köcherfliegen usw. Man spricht deshalb heute etwas vorsichtiger von der *biogenetischen Grundregel* und formuliert sie etwa so:

Während der Ontogenese werden häufig Merkmale der stammesgeschichtlichen Vorfahren ausgebildet, die dem Adultstadium fehlen.

Auf Grund dieser Regel ist es gelegentlich möglich, von den Larvenformen aus verschiedenen systematischen Großgruppen auf deren stammesgeschichtlichen Zusammenhang zu schließen:

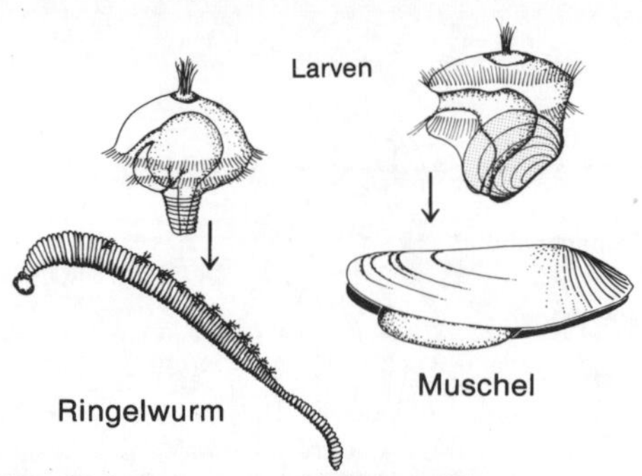

Abb. 32.1. Larven- und Adultstadien mariner Ringelwürmer und Muscheln

Marine Ringelwürmer, Muscheln und auch einige Meeresschnecken entwickeln sich aus freischwimmenden Larven den sog. *Trochophora-Larven.*

Die Larven ähneln sich außerordentlich in ihren beiden Wimperkränzen und der Organisation ihrer inneren Organe.

Diese auffällige Übereinstimmung gibt einen Hinweis auf die Abstammung von Ringelwürmern und Weichtieren von gemeinsamen Vorfahren.

Aufgaben

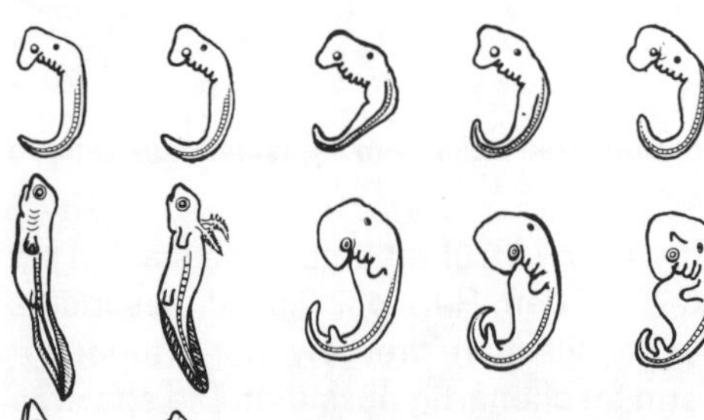

1. Vergleichen Sie die drei nebenstehend skizzierten Entwicklungsstadien von Fisch, Molch, Schildkröte, Vogel und Mensch. Formulieren und interpretieren Sie das Ergebnis des Vergleiches.
2. Der menschliche Embryo besitzt ab dem 3. Monat ein dichtes Haarkleid, das kurz vor der Geburt abgestoßen wird. Deuten Sie diesen Befund.

Abb. 32.2. Embryonalstadien von Vertretern der fünf Wirbeltierklassen (nach E. Haeckel)

3.4 Homologien des Verhaltens

Rothirsche ziehen beim innerartlichen Drohen die Oberlippe nach oben, wie dies zahlreiche Tiere mit dolchartigen Eckzähnen tun. Solche Zähne fehlen dem Rothirsch aber völlig, er kämpft mit dem Geweih. Bei einigen Verwandten des Rothirsches jedoch, z. B. dem geweihlosen, fleischfressenden Moschushirsch aus Ostasien, dem chinesischen Wasserreh oder dem südostasiatischen Muntjak, besitzen die Männchen noch dolchartig verlängerte Eckzähne im Oberkiefer, die sie beim Drohen entblößen und auch im Rivalenkampf einsetzen. Das Oberlippenrümpfen des Rothirsches, das für sich isoliert betrachtet völlig sinnlos erscheint, kann so als Folge der Abstammung von Ahnen mit verlängerten Eckzähnen verständlich gemacht werden.

Die Männchen zweier Prachtfinken-Gattungen können nur balzen, wenn sie dabei einen Halm oder ähnliches im Schnabel tragen. Auch dieses merkwürdige Verhalten kann mit dem Herbeitragen und Darbieten von Nistmaterial anderer verwandter Gattungen homologisiert und auf diese Weise erklärt werden.
Die Erpel der verschiedenen Entenarten führen sehr ähnliche Balzbewegungen aus, die nicht als Anpassungen, sondern als Erbe von gemeinsamen Ahnen aufgefaßt werden können (s. Lb. d. Verhaltensbiologie).

Alle Versuche, aus dem Verhalten von Primaten Aufschluß über angeborene Verhaltensweisen des Menschen zu erlangen, beruhen auf der Annahme von Homologie. Dafür muß jedoch erst eindeutig geklärt sein, ob das Programm für eine bestimmte Verhaltensweise tatsächlich im genetischen Material niedergelegt ist und nicht individuell durch Lernen erworben wurde.
Das kann mit relativ großer Sicherheit von den Verhaltensweisen Neugeborener angenommen werden. Berührt man bei Menschen- und Affenbabys die Innenflächen der Hände oder die Fußsohlen, so löst man damit bei beiden gleich ablaufende, also homologe Greifbewegungen aus. Während diese beim Affenbaby dem Festhalten im Fell der Mutter dienen, haben sie beim menschlichen Säugling keine erkennbare Funktion und erscheinen damit sinnlos. Erst durch vergleichende Betrachtung werden sie als Erbe gemeinsamer Ahnen verständlich.

Aufgaben

1. Beschreiben Sie weitere elementare Verhaltensweisen des Säuglings und versuchen Sie, deren Herkunft durch Homologisieren zu deuten.
2. Machen Sie das Herabziehen der Mundwinkel bzw. das Entblößen der Zähne als Teil der Droh- und Wutmimik des Menschen verständlich.
3. Welche der im Kapitel erwähnten Verhaltensweisen könnte man als „Verhaltensrudimente" bezeichnen?

3.5 Physiologisch-biochemische Homologie

Die Ausbildung der Körper- und Verhaltensmerkmale wird im wesentlichen von der genetischen Information über die Proteinbiosynthese gesteuert. Da sowohl der genetische Code als auch der Proteinsyntheseablauf bei allen Lebewesen identisch sind (vgl. Lb. der Genetik), muß der Verwandtschaftsgrad auch an den Ähnlichkeiten im Aufbau von Nucleinsäuren und/oder Proteinen ablesbar sein.

Vergleich von Serum-Eiweißstoffen

Da Blutserum eine Vielzahl spezifischer Eiweißstoffe gelöst enthält, kann man den Grad der Ähnlichkeit von Eiweißstoffen durch den sog. *Serum-Präzipitintest* ermitteln.

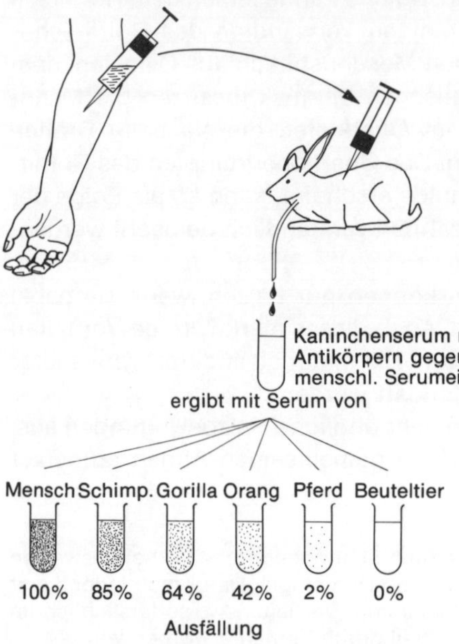

Abb. 34.1. Der Serum-Präzipitintest

Spritzt man einem Kaninchen das Blutserum eines Menschen, so bewirken die für das Kaninchen fremden Eiweißstoffe in seinem Blut die Bildung von spezifischen Antikörpern. Diese können die fremden Eiweißstoffe bei einem erneuten Zusammentreffen binden und ausfällen.

Entnimmt man dem so behandelten Kaninchen jetzt Blut und trennt davon das Serum (jetzt Antihumanserum) ab, so kann man dieses im Reagenzglas mit den Seren von Menschen oder verschiedenen Tieren zusammenbringen und den Grad der Ausfällung der Eiweiße messen.

Bezeichnet man den Ausfällungsgrad von Antihuman-Testserum mit menschlichem Serum als 100%, so ergeben sich für die Seren verschiedener Tiere die in der Abbildung angegebenen Werte.

Diese Werte sind ein Maß für die Übereinstimmung zwischen den Eiweißstoffen verschiedener Lebewesen und damit für den Grad von Verwandtschaft.

Mit solchen serologischen Tests konnten in vielen Fällen Verwandtschaftsverhältnisse im Tierreich aufgeklärt werden, die durch anatomisch-morphologische Homologien nicht ausreichend sicher belegt waren.

Vergleich der Aminosäuresequenzen von Eiweißstoffen

Mit aufwendigen chemischen Methoden kann man aus verschiedenen Lebewesen Enzyme isolieren, die jeweils denselben Stoffwechselschritt katalysieren. Sie erweisen sich in ihrer räumlichen Struktur als identisch,weisen aber Unterschiede in der Aminosäuresequenz auf.

verglichene Arten	Anzahl der unterschiedlichen Besetzungen
Mensch/Rhesusaffe	1
Mensch/Pferd	12
Huhn/Pferd	11
Huhn/Mensch	13
Huhn/Rhesusaffe	12
Fisch/Pferd	19
Fisch/Rhesusaffe	21

Tab. 34.1. Unterschiede der Aminosäuresequenzen des Cytochroms c

So hat z. B. die Bestimmung der Aminosäuresequenz des Atmungsenzyms Cytochrom c aus verschiedenen Organismen charakteristische Unterschiede in der Reihenfolge der etwas über 100 Aminosäuren ergeben:

Die Aminosäureketten des Cytochrom c von Mensch und Rhesusaffe sind bis auf eine einzige Position identisch. Beim Vergleich Mensch – Pferd ergeben sich bereits zwölf verschieden besetzte Positionen.

Da die Aminosäuresequenz in der Erbinformation festgelegt ist, kann man aus dem Grad an Übereinstimmung bei verschiedenen Lebewesen auf den Verwandtschaftsgrad schließen: Mensch und Rhesusaffe sind offenbar näher miteinander verwandt als Mensch und Pferd.

Abb. 35.1. zeigt eine Verwandtschaftstafel, die auf den Aminosäuresequenz-Unterschieden des Cytochrom c zahlreicher verschiedener Organismen beruht. Dabei ist die Länge der von einem (hypothetischen) Verzweigungspunkt ausgehenden Strekken der Zahl der unterschiedlich besetzten Aminosäurepositionen proportional. Es lassen sich die abgestuften Ähnlichkeiten sowohl innerhalb der systematischen Grußgruppen als auch innerhalb kleinerer Gruppen erkennen.

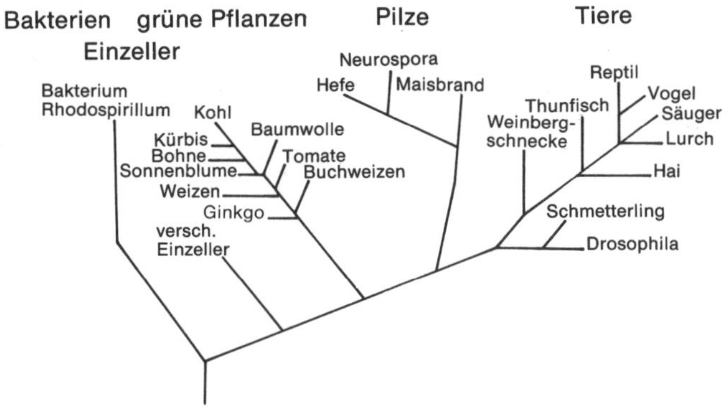

Abb. 35.1. Verwandtschaftstafel auf Grund der Unterschiede im Aufbau des Atmungsenzyms Cytochrom c

Vergleich der Nucleotidsequenzen von DNS

Die unmittelbarste Bestimmung des Verwandtschaftsgrades zwischen Lebewesen beruht auf dem direkten Vergleich der Basensequenzen der DNS. Diese Methode ist allerdings technisch außerordentlich aufwendig.

Man kann die DNS-Doppelspiralen durch Erwärmen dazu bringen, sich zu entspiralisieren und dann die Einzelstränge voneinander trennen. Gibt man dazu die ebenso isolierten DNS-Spalthälften eines anderen Organismus, so können sich die beiden Einzelstränge der verschiedenen Organismen unter bestimmten Voraussetzungen miteinander paaren. Dies um so vollständiger, je mehr sich die beiden Einzelstränge komplementär entsprechen. So komplettieren sich die beiden isolierten DNS-Spalthälften von Rhesusaffe und Mensch zu 85%, von Maus und Hamster zu 55% und von Maus und Mensch zu 20%.

Aufgaben

1. Begründen Sie den wesentlichen Unterschied zwischen der Verwandtschaftstafel (Abb. 35.1.) und einem Stammbaum.
2. Begründen Sie aus dem Prinzip des genetischen Code, inwieweit man aus übereinstimmenden Aminosäuresequenzen eines Proteins bei verschiedenen Lebewesen auf übereinstimmende Basensequenzen schließen kann.
3. Die Aminosäuresequenzen eines bestimmten Histons (Begleitprotein der DNS von Eukaryonten) von Mensch und Bohne unterscheiden sich in nur 2 Positionen, die Sequenzen der α-Kette des Hämoglobins von Mensch und Pferd in 18 Positionen. Welche Schlüsse ziehen Sie aus diesen Befunden?

3.6 Das Natürliche System

Die Vielfalt der heute lebenden Arten zeigt abgestufte Homologien im Körperbau, im Verhalten und in biochemisch-physiologischen Merkmalen.

Darauf gründet sich ein hierarchisches Ordnungssystem, das sog. Natürliche System der Pflanzen und Tiere, das mit den Begriffen „Art, Gattung, Familie, Ordnung, Klasse, Stamm, Abteilung" und feineren Unterbegriffen beschrieben wird (s. Anhang S. 114 mit 116).

Übergreifende Homologien gestatten es, jeweils mehrere Gruppen zu umfassenderen Gruppen zu vereinen: z. B. Vögel und Reptilien zu den *Sauropsiden,* Sauropsiden und Säugetiere zu den *Amnioten,* Amnioten und Amphibien zu den *Tetrapoden,* Tetrapoden und Fische zu den *Wirbeltieren.*

Das Natürliche System läßt sich am einfachsten als ein *Verwandtschaftssystem* erklären. Da die heutigen Arten aber nicht im Zeugungszusammenhang stehen, muß man schließen, daß ein solcher in der Vergangenheit bestanden hat. So stellt das Natürliche System den umfassendsten indirekten Beweis für die *stammesgeschichtliche Verwandtschaft* und damit für die Abstammung der heute lebenden Pflanzen und Tiere von gemeinsamen Ahnen dar.

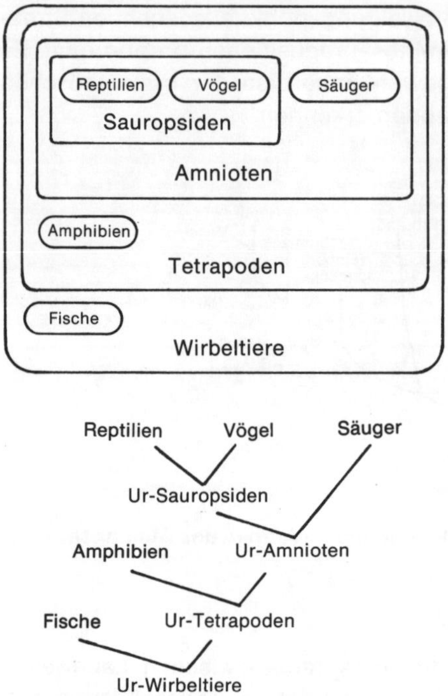

Abb. 36.1. Entstehung der Stammbaumdarstellung des Natürlichen Systems

In vielen Fällen, besonders zwischen den Großgruppen des Tier- und Pflanzenreichs, sind die Verwandtschaftsbeziehungen noch unklar.

Hier können einige wenige Tiere und Pflanzen, die Merkmale zweier Großgruppen in sich vereinen, Hinweise geben:

Die *Stummelfüßer* Australiens, Südamerikas und Südafrikas verbinden durch ihre Merkmale (innere Segmentierung, ungegliederte Stummelfüße sowie Tracheenatmung und Bau der Mundwerkzeuge) Ringelwürmer mit den Gliederfüßern.

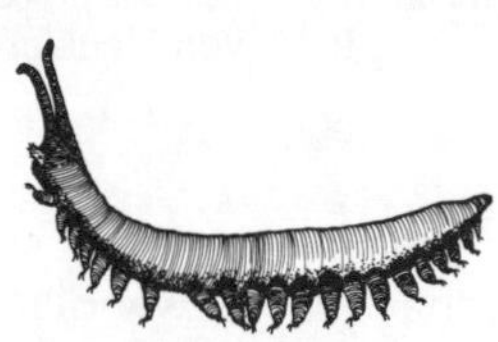

Abb. 36.2. Paraperipatus

Aufgaben

1. Stellen Sie jeweils einige gemeinsame Bauplanmerkmale der in Abb. 36.1. genannten Tiegruppen zusammen.
2. Ordnen Sie die auf S. 27 und 28 skizzierten Pflanzen und Tiere in das Natürliche System ein (s. Anhang, S. 114 mit 116 und Bestimmungsbücher).

4 Rekonstruktion der Stammesgeschichte

Um den historischen Verlauf der stammesgeschichtlichen Entwicklung der Lebewesen verfolgen zu können, müssen neben den verwandtschaftlichen Beziehungen auch die Ahnenformen selbst bekannt sein. Diese liegen uns jedoch nur zum Teil und dann meist bruchstückhaft in Form von „*Fossilien*" vor. Darunter versteht man alle Reste von vorzeitlichen Pflanzen, Tieren und Menschen sowie deren Spuren, wie Abdrücke, Verfärbungen, Hohlräume, Fraßspuren usw. „Vorzeitlich" bedeutet dabei stets älter als 10 000 Jahre.
Lebende Substanz wird nach dem Absterben in aller Regel sehr schnell durch mechanische, biologische und chemische Vorgänge zerstört. Fast immer wirken alle drei Vorgänge zusammen. Schon von daher ist die Erhaltung von Überresten eines Lebewesens in Stoff und/oder Form als seltene Ausnahme anzusehen. Voraussetzung für die Fossilierung ist fast immer der Besitz von Hartteilen und deren rasche Einbettung in ein *Sediment,* das Zerstörungsvorgänge weitgehend verhindert. Man findet deshalb Fossilien meist dort, wo ein solcher rascher Einschluß gegeben war: in Flachmeeren, Seen, Sümpfen, Flußablagerungen, Flugsanden, Asphaltseen und auch im Bodeneis.
Um die Fossilien zur Rekonstruktion der Stammesgeschichte verwenden zu können, muß man sie zeitlich einordnen können, das heißt, man muß ihr Alter kennen.

4.1 Möglichkeiten der Altersbestimmung von Fossilien

Bestimmung des relativen Alters

Fossilien aus verschiedenen Schichten, die noch in der Reihenfolge ihrer Ablagerung liegen, können nach ihrem relativen Alter zueinander geordnet werden.
Einige Fossilien, die in bestimmten Schichten besonders häufig sind, während sie in anderen Schichten nicht in gleicher Form und Häufigkeit vorkommen, bezeichnet man als *Leitfossilien.* Formengruppen von Leitfossilien sind für mehrere aufeinanderfolgende Schichten und damit für große Zeitabschnitte kennzeichnend, wie z. B. die Trilobiten für das Paläozoikum, die Ammoniten für das Mesozoikum usw. (Abb. 38.1).
Charakteristische Abwandlungen der Ausgangsformen in aufeinanderfolgenden Schichten erlauben weitere Untergliederungen, die alle zusammen die relative geologische Zeittabelle darstellen.
Dies gilt allerdings nur für die letzten 600 Millionen Jahre. Aus der Zeit davor, also dem Präkambrium, sind uns nur so spärliche Lebensspuren bekannt, daß man daraus bestenfalls Hinweise über das Alter des Lebens auf der Erde erhalten kann (Kap. 4.2).

Eine verfeinerte Methode der relativen Altersbestimmung stellt der *Fluortest* dar: In der Knochensubstanz von Skeletteilen, die in fluorhaltigem Grundwasser oder Erdreich liegen, werden im Lauf der Zeit Hydroxidionen gegen Fluoridionen ausgetauscht. Dabei ist die Menge des aufgenommenen Fluors direkt von der Verweildauer des Fossils in seiner fluorhaltigen Umgebung abhängig. Weil der Fluorgehalt des Bodens sehr verschieden ist, kann mit Hilfe dieser Methode nur das relative Alter von Funden innerhalb eines Fundgebietes bestimmt werden.

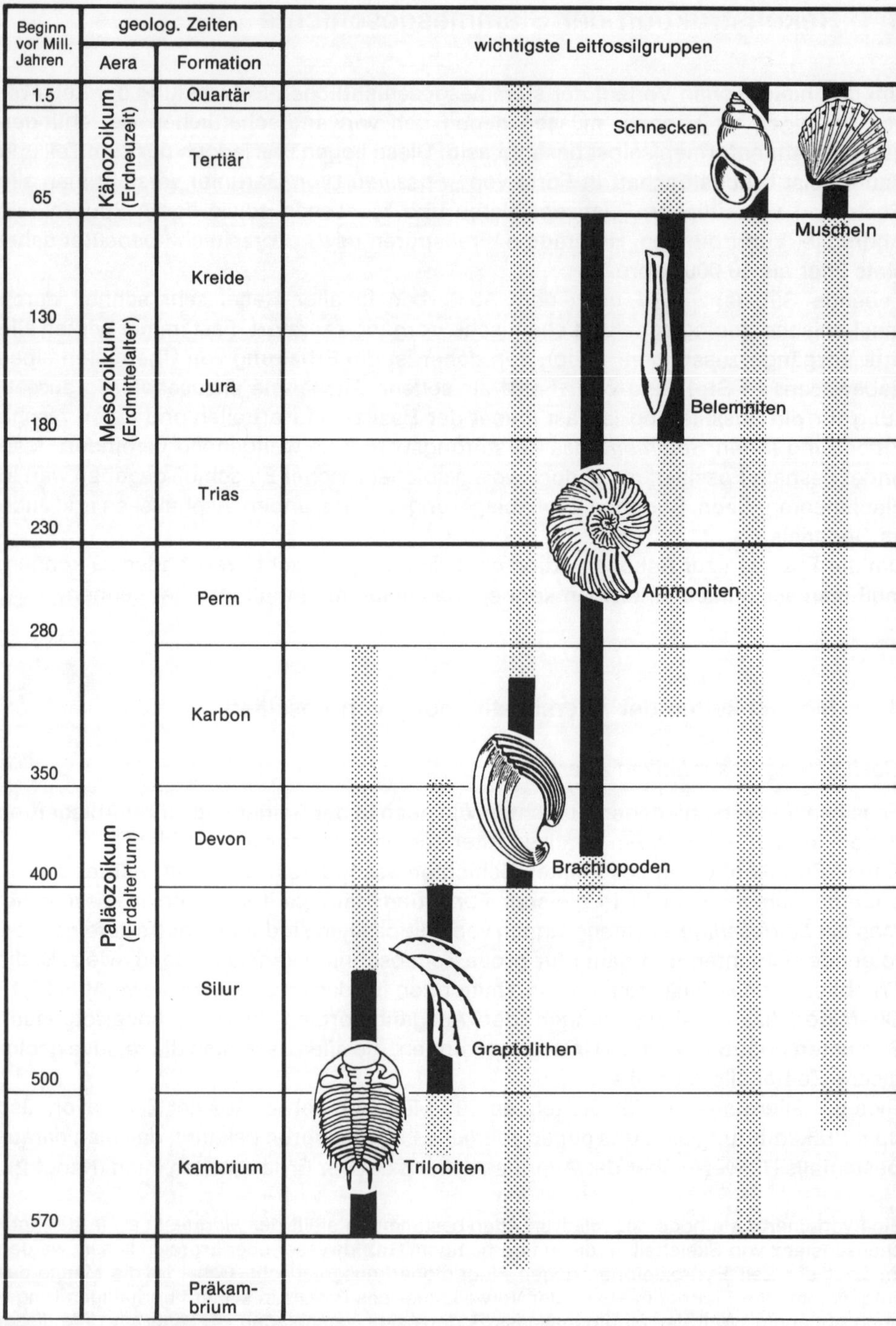

Abb. 38.1. Geologische Zeittabelle mit den wichtigsten Leitfossilgruppen

Bestimmung des absoluten Alters

Die absolute Altersbestimmung von Fossilien stützt sich auf die Gesetzmäßigkeiten des radioaktiven Zerfalls natürlich radioaktiver Elemente im Fossil selbst oder im umgebenden Gestein. Die Methode wurde 1948 von *W. F. Libby* eingeführt (Nobelpreis 1960).
Da die Geschwindigkeit des radioaktiven Zerfalls von allen äußeren Einflüssen unabhängig ist, kann man bei Kenntnis der Halbwertszeit des Zerfalls und den Mengenverhältnissen von Ausgangs- und Endprodukten die Zeit berechnen, in der sich dieses Verhältnis eingestellt hat.

Radiocarbon-Methode

In jüngeren Fossilien ist von der organischen Substanz noch Kohlenstoff enthalten, der teilweise in Form des Isotops ^{14}C vorliegt. Dieses entsteht in etwa 30 km Höhe über der Erdoberfläche unter dem Einfluß der kosmischen Höhenstrahlung aus Stickstoff: ^{14}N (n, p) ^{14}C. Dieses Isotop ist radioaktiv und zerfällt ständig wieder nach folgender Gleichung: ^{14}C $(-,\beta^-)$ ^{14}N, so daß sich im Laufe der Zeit ein Gleichgewicht zwischen Bildung und Zerfall und damit zwischen den beiden Kohlenstoffisotopen eingestellt hat ($^{12}C : {}^{14}C = 10^{12} : 1$). In diesem festen Mengenverhältnis werden sie als CO_2 von den Pflanzen aufgenommen und gelangen über diese auch in Tier und Mensch. Nach dem Tode wird kein Kohlenstoff mehr aufgenommen, so daß sich von diesem Zeitpunkt an das Verhältnis von ^{14}C zu ^{12}C nach dem Zerfallsgesetz verändert. Aus dem augenblicklich festgestellten Isotopenverhältnis kann deshalb auf den Todeszeitpunkt geschlossen werden.
Auf Grund der Halbwertszeit des ^{14}C-Isotops von nur 5760 Jahren und den Grenzen der Meßgenauigkeit können mit dieser Methode nur Objekte mit einem Alter zwischen etwa 500 und 50 000 Jahren datiert werden. Für weiter zurückliegende Zeiträume eignen sich andere, in der folgenden Tabelle angegebene Verfahren:

Name des Verfahrens	Ausgangs-isotop	Zerfalls-produkt	Halbwertszeit in Jahren	Grenzen der Bestimmung
Radiocarbon (Radiokohlen-stoff)	^{14}C	^{14}N	$5{,}76 \cdot 10^3$	~ 500 — ~ 50 000 Jahre
Kalium-Argon	^{40}K	^{40}Ar	$1{,}27 \cdot 10^9$	Präkambrium bis Kambrium Bei kombinierter Anwendung bis Tertiär
Uran-Helium	^{238}U	α-Teilchen → Helium	$4{,}51 \cdot 10^9$	
Uran-Blei	^{238}U ^{235}U	^{206}Pb ^{207}Pb	$7{,}1 \cdot 10^9$	
Thorium-Blei	^{232}Th	^{208}Pb	$1{,}4 \cdot 10^{10}$	

Tab. 39.1. Wichtige Methoden zur absoluten Altersbestimmung von Fossilien mit Hilfe der Radioaktivität

Vorschlag für Referate

1. Die Entstehung von Versteinerungen nach Lit. [17], [22], [26], [29].
2. Bedeutungswandel der Fossilien im Laufe der Zeit nach Lit. [30], [31].
3. Die Jahresringchronologie nach Höll, W., und J. Bauch: Die Jahresringanalyse. In: Naturwissenschaftliche Rundschau 1, 10, 1977.
4. Die Pollenanalyse nach Straka, H.: Pollenanalyse. In: Biuz 2, 50, 1973.
5. Veränderungen charakteristischer Ammonitenmerkmale im Verlauf der Zeit nach Kosmosheften *2,* 1976; *1* u. *6,* 1977; *1* u. *12,* 1978 und Lit. [22], [26], [29].
6. Die Anwendung des radioaktiven Zerfallsgesetzes auf die Altersbestimmung nach der Radiocarbonmethode nach Lit. [5], [23] und Lb. der Physik

Vorschläge für Modellversuche zur Fossilbildung

1. nach Flor, F.: Modellversuche zur Fossilisation. In: Der Biologieunterricht 2, 18, 1968.
2. nach Hart, M.: Ich entdecke die Natur. Gütersloh: Bertelsmann 1977.

Aufgaben

1. Mit Hilfe der Trilobiten beispielsweise läßt sich das Kambrium vielfach und eindeutig aufgliedern. Wie muß demnach die Entwicklung dieser Tiergruppe verlaufen sein?
2. Welche stillschweigenden, notwendigen Voraussetzungen werden bei der Anwendung der Radiocarbonmethode gemacht?
3. Welchen Einfluß hat die gegenwärtige Verbrennung großer Mengen fossiler Brennstoffe auf die Sicherheit der Altersbestimmung nach der Radiocarbonmethode?
4. Wodurch sind die Grenzen der Altersbestimmung nach der Radiocarbonmethode gegeben?
5. Erläutern Sie das Prinzip der Uran-Blei-Methode der Altersbestimmung von Gesteinen (evtl. nach einem Lehrbuch der Kernphysik).
6. Welche Voraussetzungen müssen gegeben sein, damit man aus dem Alter eines Gesteins auf das Alter eingeschlossener Fossilien schließen kann?

4.2 Auftreten von Pflanzen und Tieren im Laufe der Erdgeschichte

Die Formationen der Erdgeschichte (S. 38) sind u. a. gekennzeichnet durch das erstmalige oder gehäufte Auftreten bestimmter Tier- und Pflanzengruppen:

Die ältesten pflanzenähnlichen Lebensspuren sind mehr als 3 Milliarden Jahre alt.

Präkambrium (Beginn vor etwa 1000 Millionen Jahren, Dauer etwa 400 Millionen Jahre):

Ringelwurm?

Stachelhäuter?

Reste erster, bisher unbekannter tierischer Lebewesen sind jünger als 1 Milliarde Jahre.

Sie werden den Gruppen der Ringelwürmer, Stachelhäuter und Hohltiere zugerechnet.

Kambrium (Beginn vor etwa 600 Millionen Jahren, Dauer etwa 100 Millionen Jahre):

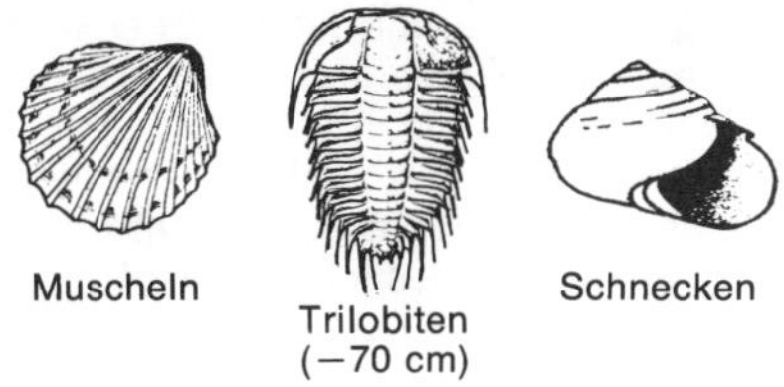

Im Meer herrscht vielfältiges pflanzliches und tierisches Leben. Während die sicherlich reiche Algen- und Tangflora wegen der fehlenden Hartteile nur in Spuren erhalten ist, sind aus dieser Zeit Fossilien bereits aller Stämme der wirbellosen Tiere überliefert, z. B. Muscheln, Schnecken, Ringelwürmer, Trilobiten usw.

Silur (Beginn vor etwa 500 Millionen Jahren, Dauer etwa 100 Millionen Jahre):

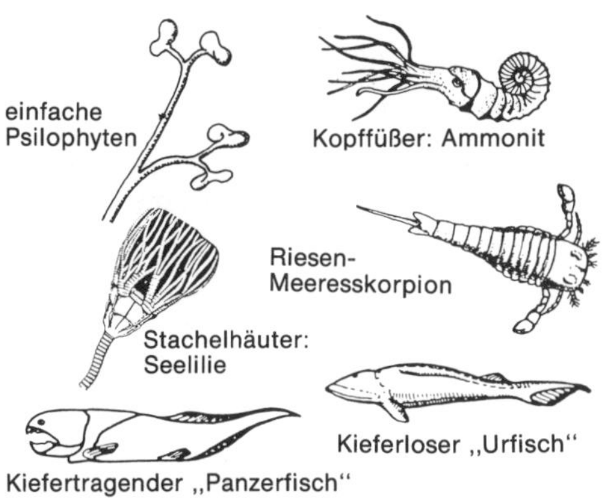

Zu Beginn des Silur (Ordovizium) setzt die Besiedelung des Landes durch einfachste Formen von Gefäßsporenpflanzen (Psilophyten, Nacktfarne) ein.

Während sich Korallen, Trilobiten, Kopffüßer und Stachelhäuter rasch entfalten, treten neben Riesen-Meeresskorpionen die ersten Wirbeltiere auf.

Es handelt sich dabei zunächst um kieferlose „Urfische“, die von einem starken Panzer aus Knochenplatten geschützt sind. Die ersten kiefertragenden „Panzerfische“ treten im späteren Silur auf.

Devon (Beginn vor etwa 400 Millionen Jahren, Dauer etwa 50 Millionen Jahre):

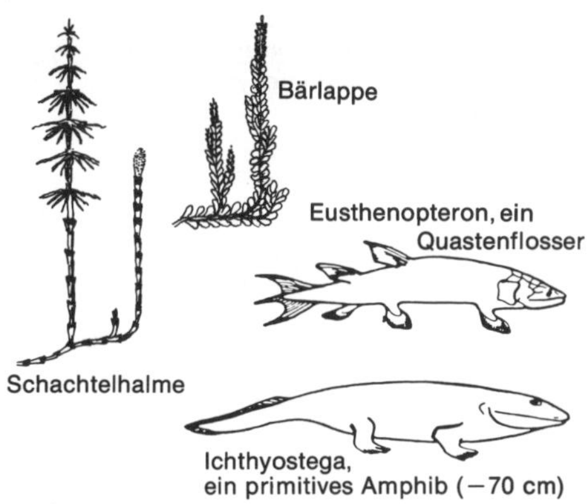

Während die Nacktfarne ihre Blütezeit erleben und gegen Ende des Devon aussterben, befinden sich andere Gefäßsporenpflanzen (Bärlappe, Schachtelhalme, Urfarne) in rascher Entfaltung. Daneben erscheinen die ersten Samenpflanzen.

Besonders kennzeichnend ist das Auftreten der frühesten höheren Fische (Lungenfische und Quastenflosser). Diese sind teilweise durch den Besitz einer Lungenblase und eines kräftigen Flossenskeletts in der Lage, zumindest kurzfristige Landaufenthalte zu überstehen.

Im Devon beginnt also die Eroberung des Landes durch die Tiere: Skorpione, Tausendfüßer, Spinnen und die ersten Landwirbeltiere.

Karbon (Beginn vor etwa 350 Millionen Jahren, Dauer etwa 70 Millionen Jahre):

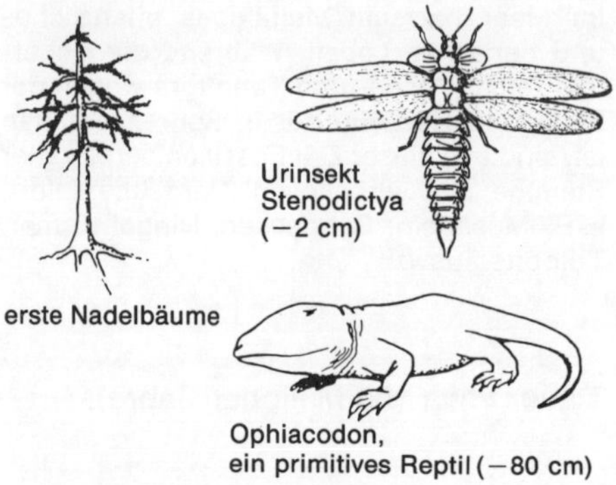

Die Flora des Karbon ist durch eine reiche Formenvielfalt gekennzeichnet. Farnpflanzenwälder mit mächtigen Schuppenbäumen, Siegelbäumen und Riesenschachtelhalmen breiten sich aus. Die ältesten Nadelbäume sind aus dieser Zeit belegt.

Gliederfüßer (Schaben, Libellen, Skorpione, Tausendfüßer) treten zum Teil in Riesenformen auf, und Amphibien befinden sich in rascher Entfaltung. Aus ihnen entwickeln sich gegen Ende des Karbon die ersten Reptilien (Saurier).

Perm (Beginn vor etwa 280 Millionen Jahren, Dauer etwa 50 Millionen Jahre):

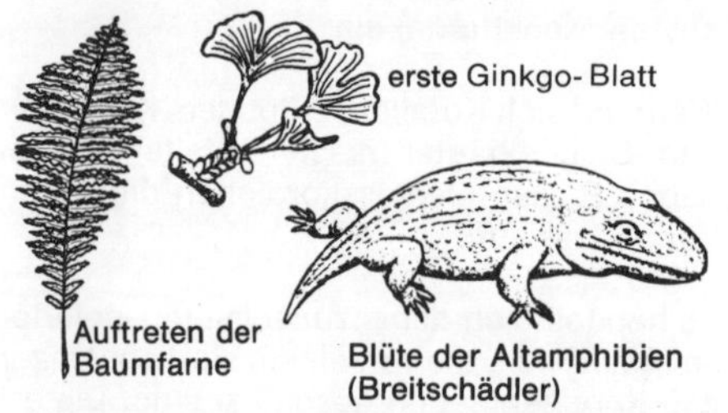

Es ist die Zeit der großen Baumfarne, daneben treten die ersten Ginkgo-Gewächse auf.

Während z. B. die Trilobiten aussterben, erreichen die Altamphibien ihre größte Formenvielfalt. Die Saurier beginnen sich zu entfalten.

Trias (Beginn vor etwa 230 Millionen Jahren, Dauer etwa 50 Millionen Jahre):

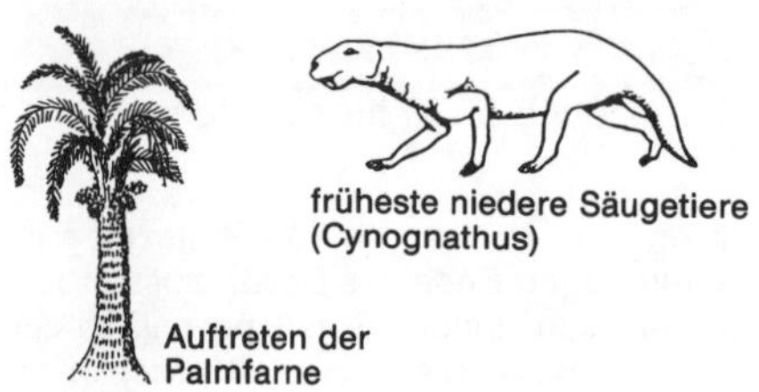

In der Trias treten die Palmfarne neu auf, und es beginnt die Ausbreitung der Nadelbäume über die Erde. Die Riesenlurche erleben ihre Blütezeit und sterben zu Ende der Trias aus. Die Reptilien erobern zum Land das Wasser und die Luft. Die frühesten niederen Säugetiere (eierlegend mit schwach entwickeltem Haarkleid) treten auf.

Jura (Beginn vor etwa 180 Millionen Jahren, Dauer etwa 50 Millionen Jahre):

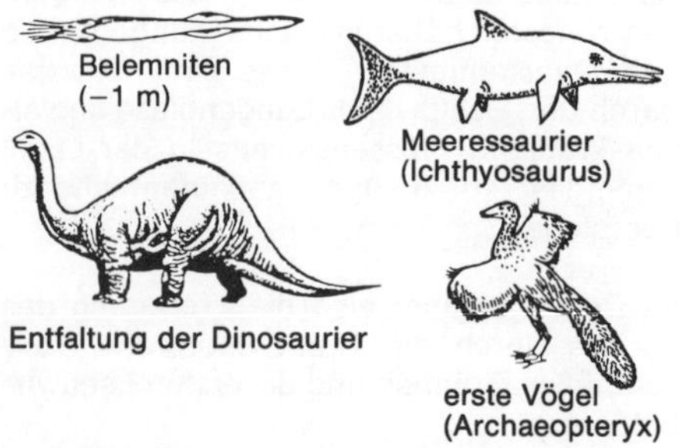

Gingko-Gewächse, Palmfarne und Nadelbaumarten sind in großer Vielfalt vertreten.

Es ist die große Zeit der Ammoniten und Belemniten, der Flug- und Meeressaurier, während sich die großen Dinosaurier gerade entfalten.

Neben den ersten modernen Haien und Knochenfischen treten früheste Vögel und Beuteltiere auf.

Kreide (Beginn vor etwa 130 Millionen Jahren, Dauer etwa 65 Millionen Jahre):

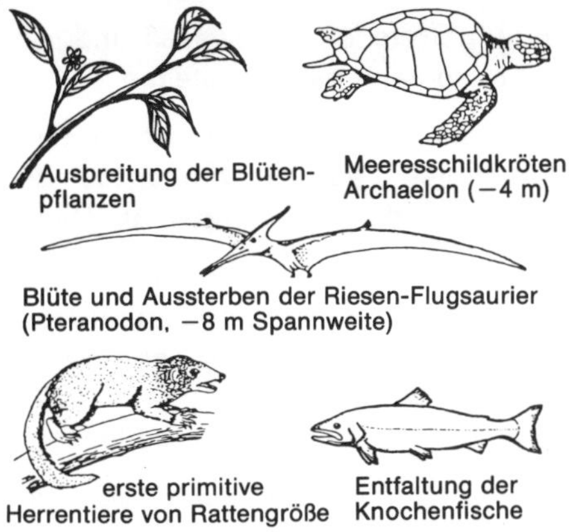

Die Samenfarne sterben aus, neben den Nacktsamern erlangen die Bedecktsamer eine immer größere Bedeutung. Mit der Ausbreitung der Blütenpflanzen entwickeln sich die Insekten zur formenreichsten Tiergruppe.

Ammoniten und Belemniten verschwinden, gegen Ende der Kreide auch die großen Flugsaurier, die Riesen-Meeresschildkröten und die Dinosaurier.

Im Wasser entfalten sich die Knochenfische, auf dem Land erscheinen die frühesten höheren Säugetiere.

Tertiär (Beginn vor etwa 65 Millionen Jahren, Dauer etwa 63 Millionen Jahre):

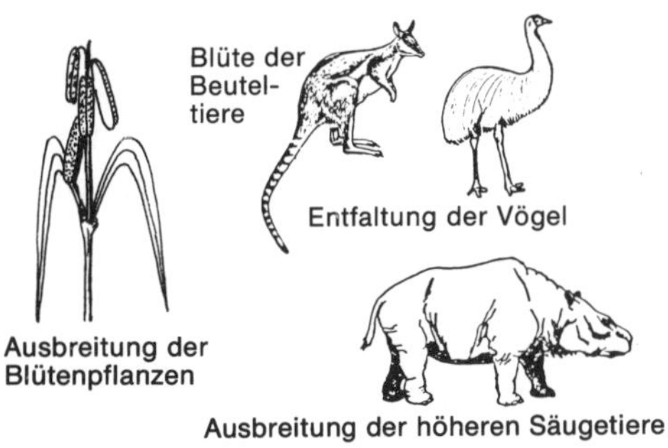

Die Blütenpflanzen breiten sich über die gesamte Erde aus.

Während die Reptilien noch weiter zurücktreten, sind Vögel, Beuteltiere und höhere Säugetiere in rascher Entfaltung begriffen. Die Beuteltiere sterben zum größten Teil noch im Tertiär wieder aus, die höheren Säuger, aber auch Vögel und Reptilien werden den heutigen Formen immer ähnlicher.

Gegen Ende des Tertiär erscheint der Urmensch.

Quartär (Beginn vor etwa 2 Millionen Jahren, Dauer bis heute):

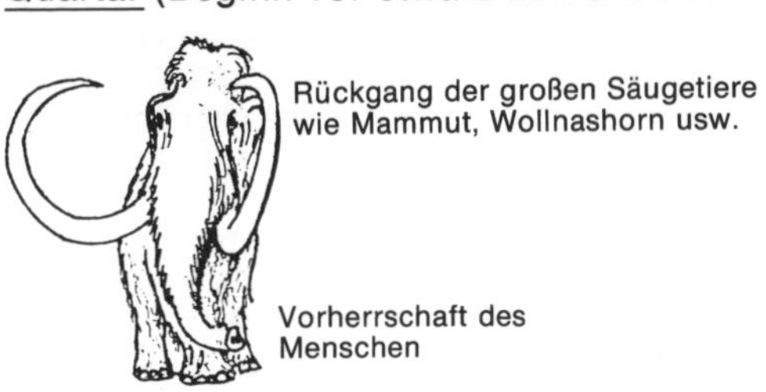

Im frühen Quartär (Pleistozän, Eiszeit) sterben zahlreiche Pflanzen der wärmeren Erdzeitalter aus. Auch die großen Säugetiere, z. B. Mammut, Wollnashorn, Höhlenbär und Riesenhirsch, gehen zugrunde. Gleichzeitig bildet sich die heutige Tier- und Pflanzenwelt heraus. Der Mensch nimmt Pflanzen und Tiere in Kultur.

Abb. 40.–43. Entwicklung der Tier- und Pflanzenwelt in der Erdgeschichte

Vorschlag für Referate

Neuere Erkenntnisse über die Saurier nach Bild der Wissenschaft 12, 1977.
Fliegende Saurier nach Spektrum der Wissenschaft 4, 1979.
Der Untergang der Dinosaurier nach Spektrum der Wissenschaft 3, 1982.
Das Aussterben von fossilen Arten nach Spektrum d. Wiss. 8, 1984 und 12, 1983.

4.3 Allgemeine Erkenntnisse aus der Fossilgeschichte der Lebewesen

Betrachtet man die im Lauf der Erdgeschichte aufgetretenen Lebewesen und vergleicht sie mit der heutigen Tier- und Pflanzenwelt, so kann man feststellen:

1. Je weiter man in der erdgeschichtlichen Vergangenheit zurückgeht, desto mehr weichen Flora und Fauna von den heutigen Verhältnissen ab. Je mehr man sich der Jetztzeit nähert, desto zahlreicher werden die Formen, die den heutigen gleichen.
2. Ältere Formen sind weniger komplex als jüngere. Dies sieht man sowohl innerhalb von Großgruppen (z. B. im Vergleich der Urfische mit den Vögeln und Säugetieren) als auch innerhalb einzelner Arten (z. B. an der zunehmenden Komplizierung der Gehäuseformen von Ammoniten, Schnecken usw., Abb. 46.1). Ausnahmen bilden die Entwicklungen zu Parasiten, bei denen sich manche Merkmale vereinfachen.
3. Entwicklungsvorgänge sind nicht umkehrbar (*Dollo'sches Gesetz* der Irreversibilität der Entwicklung). Einmal ausgestorbene Tierarten erscheinen in keinem Fall mehr in der späteren Erdgeschichte. So haben z. B. die Paarhufer und Unpaarhufer mit ihrer reduzierten Zehenzahl niemals mehr Arten mit wieder erhöhter Zehenzahl hervorgebracht. Zum Wasserleben übergegangene Säuger haben niemals mehr Kiemen ausgebildet, obwohl solche stets embryonal angelegt werden usw.
4. Viele Tier- und Pflanzengruppen sind auf bestimmte Perioden beschränkt und dann ausgestorben. Meist handelt es sich dabei um spezialisierte Formen, die offenbar in einer veränderten Umwelt nicht überleben konnten, z. B. Trilobiten, Ammoniten, Flugsaurier, Dinosaurier usw.
5. Andere Formen sind von ältesten Zeiten bis heute weitgehend unverändert geblieben. Man bezeichnet sie als *„Dauergattungen"* oder *„lebende Fossilien"*.

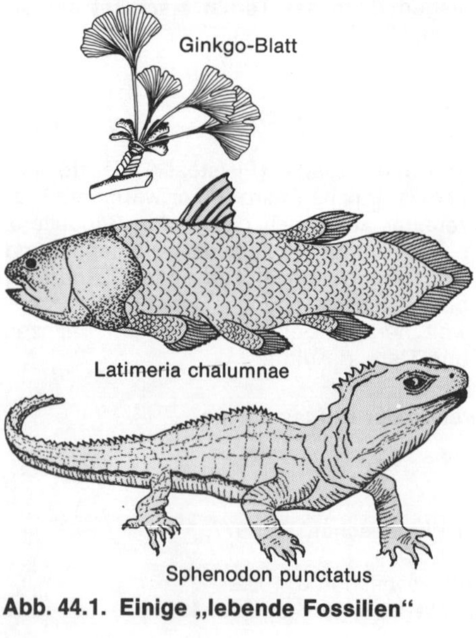

Abb. 44.1. Einige „lebende Fossilien"

Aus dem Pflanzenreich ist der *Götterbaum Ginkgo* bereits seit dem Perm bekannt, fast ebenso alt ist der *Mammutbaum Sequoia*, der *Palmfarn Cycas* und viele andere.

Der erst 1938 entdeckte Knochenfisch *Latimeria* trägt alle Merkmale der Quastenflosser, einer Fischgruppe, die man für seit über 60 Millionen Jahren ausgestorben hielt. Der australische Lungenfisch *Epiceratodus* ist von seinen Verwandten aus der Trias kaum zu unterscheiden.

Die neuseeländische *Brückenechse Sphenodon* ist der letzte Vertreter einer sonst längst ausgestorbenen Reptiliengruppe.

Lebende Fossilien sind auch die beiden Kopffüßer *Nautilus* und *Argonauta*, die in Körperform und Lebensweise an die Ammoniten erinnern.

6. Es gibt sog. *fossile Brückentiere,* die Merkmale jeweils zweier unterschiedlicher verwandtschaftlicher Gruppen in sich vereinen und somit Indizien für die Existenz gemeinsamer Ahnenformen darstellen:

   Eusthenopteron, ein Quastenflosser aus dem Devon (Abb. 41), besaß neben den Kiemen eine Lungenblase und ein kräftig ausgebildetes Flossenskelett, die es ihm wohl ermöglichten, zumindest kurzzeitig das Wasser zu verlassen.

   Die salamanderähnliche *Ichthyostega* aus dem Devon (Abb. 41) stellt mit ihrem Fischschwanz und den bereits fünfstrahligen Extremitäten ein Bindeglied zwischen den Quastenflossern und den Lurchen dar.

   Zwischen Lurchen und Reptilien vermittelt *Seymouria* aus dem späten Karbon.

   Cynognathus (Abb. 46.1) aus einer spezialisierten Sauriergruppe (Therapsiden) zu Beginn der Trias besaß das gegliederte Gebiß eines Raubsäugers und den Skelettbau eines Reptils.

   Der *Urvogel Archaeopteryx* aus dem Jura vereinigt in besonders beeindruckender Weise Reptilien- und Vogelmerkmale in sich.

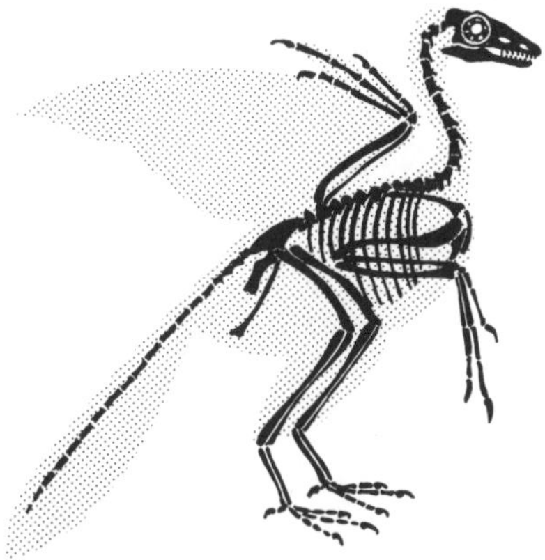

Abb. 45.1. Archaeopteryx als fossiles Brückentier

Vogelmerkmale	*Reptilienmerkmale*
Vogelschädel	bezahnte Kiefer
Vogel-Armskelett, 3 Finger	Fingerendglieder frei, mit Krallen
Becken vorne offen, lange Schambeine	Brustbein klein, und ohne Kamm
Mittelfußknochen zum Lauf verwachsen	Schien- und Wadenbein getrennt
Federkleid	lange Schwanzwirbelsäule

Aufgaben

1. Diskutieren Sie, ob die Atavismen dem Dollo'schen Gesetz widersprechen.
2. Erläutern Sie den wesentlichen Unterschied zwischen fossilen und rezenten Übergangsformen für die Beurteilung von Verwandtschaftsbeziehungen.
3. Welche Merkmale vermuten Sie bei einer Übergangsform zwischen Urreptilien und Säugetieren?

4.4 Stammbaum der Wirbeltierklassen

Die vergleichend-anatomischen Untersuchungen der Fossilien, insbesondere der Brückentiere, und ihre zeitliche Einordnung schaffen nunmehr die Voraussetzung für die Rekonstruktion eines einfachen Wirbeltierstammbaumes:

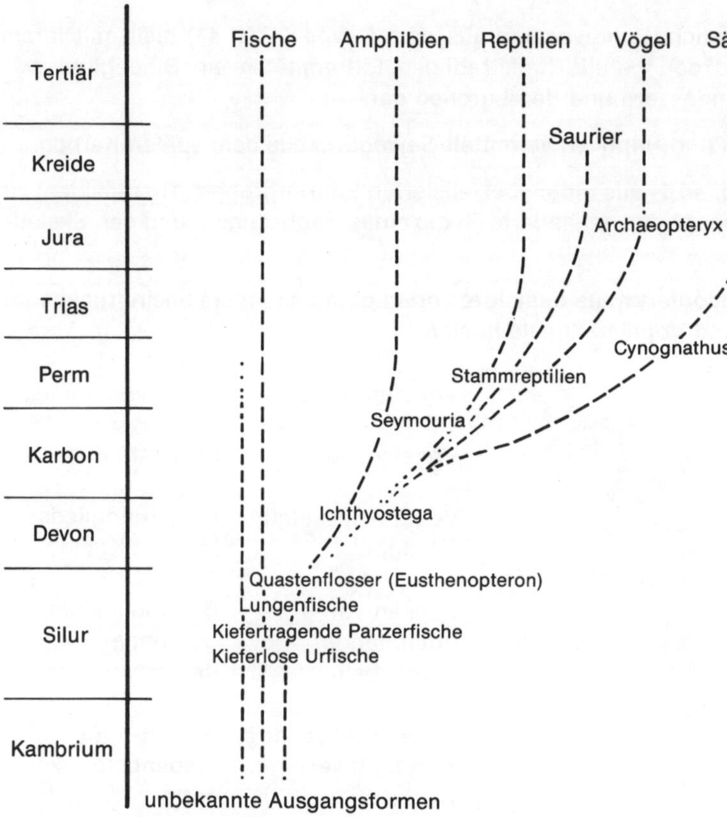

Abb. 46.1. Stammbaum der Wirbeltierklassen

Die Stammesgeschichte der meisten Tier- und Pflanzenarten ist stark lückenhaft und damit über weite Strecken hypothetisch, weil nur sehr spärliche Fossilfunde zur Verfügung stehen. Deshalb ist es besonders wichtig, daß in einigen wenigen Fällen der Evolutionsablauf durch lückenlose Fundreihen belegt ist und exemplarisch nachvollzogen werden kann.

Aufgabe

Beschreiben Sie die Vorstellungen über die Herkunft der Wirbeltierklassen anhand von Abb. 46.1 und der bisher dargestellten Befunde.

4.5 Fossilgeschichte der Pferdeentwicklung

Aus Fundgegend, Alter und Merkmalsunterschieden der Fossilien hat man folgenden Stammbaum der Pferdeentwicklung rekonstruiert:

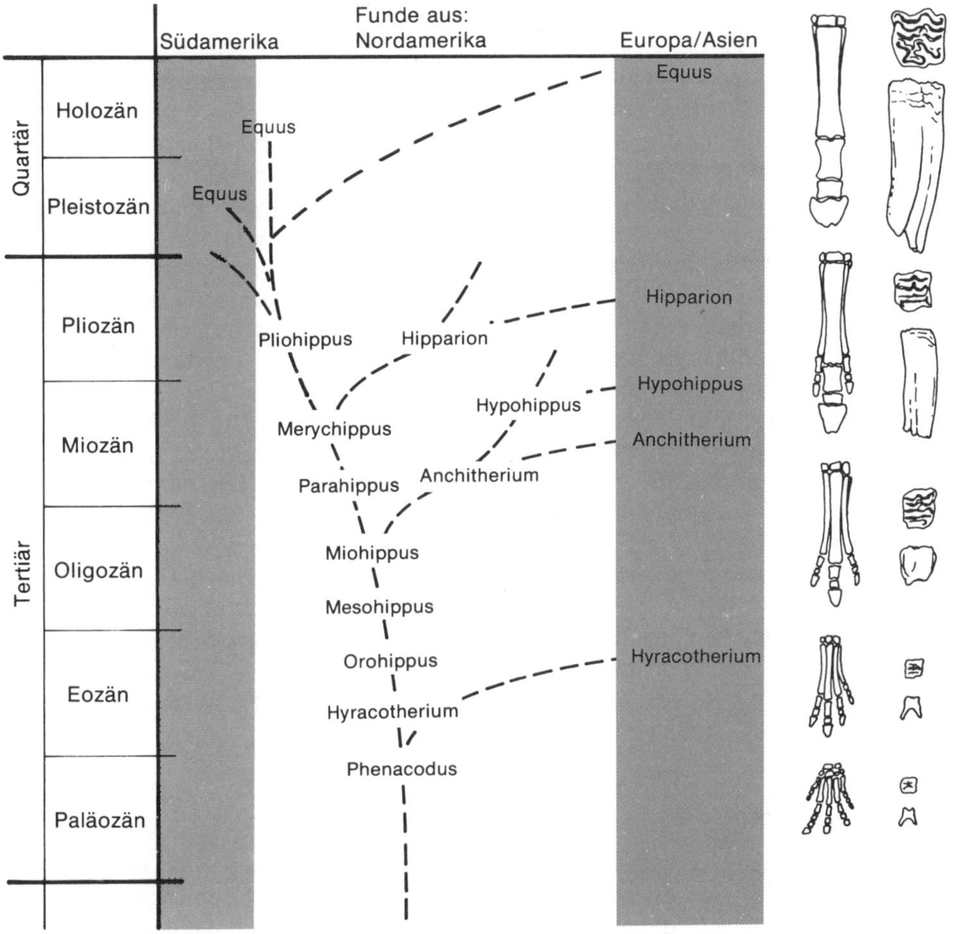

Abb. 47.1. Evolution der Pferde im Tertiär anhand des Vorderfußes und der Backenzähne

Eine kontinuierliche Fundreihe liegt aus Nordamerika vor, während aus Europa und Asien nur einzelne, nicht direkt miteinander in Zusammenhang stehende Funde bekannt sind. Dies läßt darauf schließen, daß sich die Entwicklung von dem kleinen fünfzehigen Urpferd *Phenacodus* des frühen Eozän zu den heutigen Pferden ausschließlich in Nordamerika vollzogen hat. Diese Entwicklung war offensichtlich mit einer Reduktion der Zehenzahl, einem Wechsel von Laub- zu Grasnahrung und einer beträchtlichen Größenzunahme verbunden. Die aus Europa und Asien vorliegenden Einzelfunde stammen mit großer Sicherheit von Einwanderungsschüben über die bis in die Eiszeit landfeste Beringstraße.

5 Ursachen der Evolution

5.1 Frühe Theorien zur Entwicklung der Lebewesen

Lamarck: Theorie der Vererbung erworbener Anpassungen

Jean Baptiste de Lamarck (1744–1829) war aufgrund seiner intensiven vergleichenden Studien an Pflanzen und Tieren zu der Ansicht gekommen, daß die Arten wandelbar seien und daß die abgestuften Ähnlichkeiten zwischen den Lebewesen auf Verwandtschaft beruhten. Die offensichtlichen Zweckmäßigkeiten in Bau und Verhalten der verschiedenen Lebewesen erklärte er als Anpassungen an die jeweiligen Umweltbedingungen. Er stützte sich dabei auf die alltägliche Erfahrung, daß z. B. die Sonne die Haut bräunt, daß körperliche Übungen die Muskulatur stärken, daß Klima und Boden die Größe von Pflanzen beeinflussen usw. Als Ursache dieser Anpassungsfähigkeit nahm er eine psychische Kraft in jedem Lebewesen an, die Veränderungen von Umweltbedingungen oder Lebensgewohnheiten mit dem verstärkten Gebrauch oder Nichtgebrauch vorhandener Organe bzw. mit der Bildung neuer Organe beantwortet *(vis vitalis, Vitalismus).* Der Gebrauch der Organe führe zu ihrer Vervollkommnung, der Nichtgebrauch zu ihrer Verkümmerung oder zu ihrem Verschwinden: So sollten z. B. die Ahnen des heute zahnlosen Ameisenbären Zähne besessen haben. Eine notwendig gewordene Umstellung in der Ernährung habe diese überflüssig gemacht, wodurch sie sich im Laufe der Generationen zurückgebildet hätten. Entsprechend habe der Maulwurf in Anpassung an die unterirdische Lebensweise seine Augen verkleinert und die Vorderbeine zu Grabwerkzeugen umgestaltet usw. Entscheidend für diese Evolutionstheorie Lamarcks *(Lamarckismus)* ist die Annahme, daß individuell erworbene Eigenschaften auf die Nachkommen vererbt würden. Trotz intensiver Suche kennt man allerdings bis heute keine Befunde, die diese Annahme stützen könnten.

Darwin: Selektionstheorie

Charles Robert Darwin (1809–1882) bekam als Zweiundzwanzigjähriger die Gelegenheit, als unbezahlter Naturforscher an der mehrjährigen Weltumsegelung des Expeditionsschiffes „Beagle" teilzunehmen, welches die Aufgabe hatte, vor allem die Küsten Südamerikas zu vermessen. Diese Reise, die von 1831 bis 1836 dauerte, war nach Darwins eigenen Worten das bedeutungsvollste Ereignis seines Lebens. Er beobachtete intensiv die Tier- und Pflanzenwelt Südamerikas, führte eigene Ausgrabungen durch und war ganz besonders von dem daraus ersichtlichen Formenwandel der Arten in den verschiedenen Schichten beeindruckt. Der südamerikanische Charakter der meisten Lebewesen des Galapagos-Archipels und deren geringe, aber deutliche Verschiedenheit von einer Insel zur anderen erregten seine besondere Aufmerksamkeit. Schon aufgrund dieser Tatsachen begannen sich in ihm Zweifel an dem Satz von der Unveränderlichkeit der Arten zu regen. Nach seiner Rückkehr sammelte er beharrlich weitere Fakten von Tier- und Pflanzenzüchtern und machte auch selbst Vererbungsversuche.

Das Buch von *Thomas Robert Malthus* „Über die Bevölkerung", in dem dieser den aus der Bevölkerungszunahme resultierenden Kampf um Landbesitz und damit ums Überleben vorhersagt, regte zu Darwins Grundtheorie an: Der Konkurrenzkampf der Lebewesen ums Dasein (struggle for life) sei die Ursache für den Artenwandel. Eine kurze Abhandlung von *A. R. Wallace,* der aufgrund seiner Beobachtungen der Tierwelt Malaysias und Borneos zu ähnlichen Schlüssen gekommen war, bewegte Darwin schließlich dazu, eine Zusammenfassung seines umfangreichen Materials und seiner Schlußfolgerungen zu veröffentlichen. 1859 erschien sein epochemachendes Werk *„On the origin of species by means of natural selection, or the preservation of favoured races in the struggle for life".* Aus einer Fülle von Tatsachen über die Veränderung von Arten begründete er darin die Annahme einer Evolution und entwickelte daraus seine Vorstellungen über die Ursachen des Evolutionsgeschehens:

1. Jeder Organismus produziert weit mehr Nachkommen, als für die Erhaltung der Art erforderlich sind und als schließlich auch überleben *(Überproduktion).*
2. Die Angehörigen einer Art sind niemals völlig gleich, sondern unterscheiden sich voneinander in zahlreichen Merkmalen *(Variabilität).*
3. Die Individuen, die durch ihre Eigenschaften für die Umweltbedingungen am besten geeignet sind, überleben und pflanzen sich fort, während die weniger gut geeigneten Varianten im Laufe der Zeit aussterben *(Natürliche Auslese oder Selektion).*
4. Die genetische Information über die Merkmale der Überlebenden werden an deren Nachkommen weitergegeben *(Vererbung).*
5. Diese Faktoren haben in der Vergangenheit in derselben Weise gewirkt wie in der Gegenwart *(Aktualitätsprinzip).*

Mit diesem Aktualitätsprinzip bediente sich Darwin einer Denkweise, die vor ihm bereits Lamarck angewendet und die vor allem durch das Werk *Charles Lyells* (1797–1875) als Arbeitsmethode der Geologie große Bedeutung erlangt hatte.

Vorschlag für ein Referat

Leben und Werk von Charles Darwin nach Lit. [31], [32], [33].

Aufgaben

1. Interpretieren Sie die Entstehung des langen Halses der Giraffen

Abb. 49.1. Giraffenentstehung nach Lamarck und Darwin

2. Stellen Sie Beispiele für Darwins „struggle for life" zusammen, die nichts mit kämpferischen Auseinandersetzungen zwischen Lebewesen zu tun haben.
3. Gegeben ist folgender Textauszug:
„Gibt es ein treffenderes Beispiel als das des Känguruh? Dieses Tier, das seine Jungen in dem unter dem Hinterleibe befindlichen Beutel trägt, hat die Gewohnheit angenommen, beinahe aufrecht und bloß auf seinen Hinterbeinen und auf seinem Schwanze zu stehen und sich nur durch ununterbrochene Sprünge fortzubewegen, bei denen es, um seinen Jungen nicht unbequem zu werden, die aufrechte Haltung beibehält. Es hat sich daraus folgendes ergeben:
1. Seine Vorderbeine, die es sehr wenig gebraucht, und auf die es sich nur dann stützt, wenn es seine aufrechte Haltung aufgibt, sind im Verhältnis zu den übrigen Teilen zurückgeblieben und sind mager, äußerst klein und beinahe kraftlos geblieben.
2. Die Hinterbeine, die beinahe immer in Tätigkeit sind, entweder um den Körper zu tragen oder um die Sprünge auszuführen, haben hingegen eine beträchtliche Entwicklung erlangt und sind sehr groß und stark geworden.
3. Der Schwanz endlich, der zur Unterstützung des Körpers und zur Ausführung seiner hauptsächlichsten Bewegungen stark gebraucht wird, hat an seiner Basis eine äußerst ansehnliche Dicke und Kraft erlangt."
a) Von welchem Autor könnte dieser Text stammen?
b) Zeigen Sie anhand dieses Textes die wichtigsten Aussagen der hier vertretenen Lehre auf.
c) Welche Stellung bezieht die heutige Naturwissenschaft zu dieser Lehre?

5.2 Populationsgenetische Vorüberlegungen

Die heutigen Erklärungsversuche des Evolutionsgeschehens stützen sich auf Erkenntnisse der *Populationsgenetik.* Als *Population* bezeichnet man eine Gruppe von Individuen derselben Art, die zu gleicher Zeit im gleichen Raum leben und eine *Fortpflanzungsgemeinschaft* bilden.

Genetische und modifikatorische Variation in Populationen

Die Individuen einer Population variieren in der Regel geringfügig in ihren Körper- und Verhaltensmerkmalen *(phänotypische Variation).* Diese Variation beruht einerseits darauf, daß die Individuen unterschiedliche Erbanlagen = Gene besitzen *(genetische Variation),* andererseits darauf, daß an der Ausprägung der Merkmale Umweltfaktoren modifizierend mitwirken *(modifikatorische Variation)* (vgl. Lb. der Genetik).
Die Gesamtheit aller innerhalb einer Population vorhandenen Gene (Allele) bezeichnet man als *Genpool.* Evolution bedeutet im populationsgenetischen Sinn die Veränderung des Genschatzes einer Population im Laufe der Zeit.
Ehe auf die entscheidenden Fragen nach den Ursachen für solche Veränderungen eingegangen wird, soll anhand einer Modellpopulation geprüft werden, unter welchen Voraussetzungen sich der Genbestand einer Population *nicht* verändert, also *keine* Evolution stattfindet.

Konstante Genhäufigkeiten in einer idealen Population: Hardy-Weinberg-Gesetz

Als „ideale" Population sei eine sich zweigeschlechtlich fortpflanzende, unendlich große Population definiert, in der alle Individuen ohne Bevorzugung oder Benachteiligung dieselben Fortpflanzungschancen haben und in der weder durch Mutationen noch durch Genaustausch mit anderen Populationen Allele verschwinden bzw. hinzukommen sollen.

Der Einfachheit halber sei eine Ausgangspopulation von z. B. 100 Blattkäfern (Chrysomela varians) angenommen, die sich aus 16 blauen (Genotyp AA), 48 grünen (Genotyp Aa) und 36 kupferroten Tieren (Genotyp aa), jeweils zur Hälfte Männchen und Weibchen, zusammensetzt. (Bei diesem Beispiel handelt es sich um eine Art intermediärer Vererbung.)

Aus diesen Genotypenhäufigkeiten folgt, daß von den 200 betreffenden Allelen der Population $2 \times 16 + 48 = 80 = 40\%$ als Allel A vorliegen (Allelhäufigkeit von A $= Q = 0{,}4$) und $48 + 2 \times 36 = 120 = 60\%$ als Allel a vorliegen (Allelhäufigkeit von a $= q = 0{,}6$) $Q + q = 1$.

Diese Population soll sich unter den oben genannten Bedingungen in vielen Generationen auf „unendlich" viele Individuen vermehren. Wie werden sich dabei die Genotypen- und die Allelhäufigkeiten von Generation zu Generation verändern?

Die Lösung für die erste Tochtergeneration (F_1) und für weitere Generationen kann dem Kombinationsquadrat entnommen werden:

Das Kombinationsquadrat ergibt sich aus der Erkenntnis, daß bei den Reifeteilungen in der Elterngeneration Keimzellen mit den Allelen A bzw. a im Verhältnis $Q : q$ gebildet werden. Damit ergeben sich die Wahrscheinlichkeiten für die Bildung der Genotypen AA, Aa und aa als Produkte der Einzelwahrscheinlichkeiten zu Q^2 (16%), $2\,Qq$ (48%) und q^2 (36%).

♂ \ ♀	Eizellen mit dem Allel A: Häufigkeit $Q = 0{,}4$	Eizellen mit dem Allel a: Häufigkeit $q = 0{,}6$
Spermien mit dem Allel A: Häufigkeit $Q = 0{,}4$	Wahrscheinlichkeit für AA: $Q^2 = 0{,}16$	Wahrscheinlichkeit für Aa: $Qq = 0{,}24$
Spermien mit dem Allel a: Häufigkeit $q = 0{,}6$	Wahrscheinlichkeit für Aa: $Qq = 0{,}24$	Wahrscheinlichkeit für aa: $q^2 = 0{,}36$

Allgemein:

Erwartetes Verhältnis der F_1-Genotypen: AA : Aa : aa $= Q^2 : 2\,Qq : q^2$

Die Genotypenhäufigkeiten ebenso wie die Allelhäufigkeiten bleiben somit von Generation zu Generation konstant, es herrscht genetisches Gleichgewicht (Hardy-Weinberg-Gesetz für ideale Populationen).

In natürlichen Populationen stellt sich dieses Gleichgewicht jedoch nicht ein, weil dies durch eine Reihe von „Störungen" verhindert wird, welche die Allelhäufigkeiten verschieben und damit Evolution verursachen. Diese Ursachen für Evolution *(= Evolutionsfaktoren)* werden in den nächsten Kapiteln im einzelnen behandelt.

Aufgaben

1. Erläutern Sie die Begriffe phänotypische, genotypische und modifikatorische Variation anhand selbstgewählter Beispiele extrem unterschiedlicher Populationen.
2. Eine Population bestehe aus 100 reinerbigen AA-Tieren und 100 mischerbigen Aa-Tieren. Diese sollen sich durch ungerichtete Partnerwahl zu einer großen Population vermehren.
   a) Bestimmen Sie die Häufigkeiten der Allele A und a.
   b) Bestimmen Sie das für das genetische Gleichgewicht charakterische Genotypenverhältnis.
3. Angenommen, eine Population zwitterblütiger Pflanzen bestehe ausschließlich aus Aa-Individuen, die durch Selbstbefruchtung weitergezüchtet werden. Auch in den weiteren Generationen finde nur Selbstbefruchtung statt. Wie werden sich die Häufigkeiten der Allele und wie werden sich die Häufigkeiten der Genotypen von Generation zu Generation verändern? Kalkulieren Sie die Verhältnisse bis zur 3. Tochtergeneration.

5.3 Mutation und Rekombination

Mutation

Mutationen als sprunghafte Veränderungen des Erbmaterials kommen in drei verschiedenen Formen vor (vgl. Lb. der Genetik):

1. Gen- oder Punktmutationen beruhen auf Veränderungen der Basenfolge in der DNS. Sie schaffen neue Allele an Genorten und bilden damit die erste Voraussetzung für genetische Variabilität in einer Population.
2. Chromosomenmutationen stellen Veränderungen der Chromosomenstruktur dar. Durch Verdoppelung von Chromosomenabschnitten (Duplikationen) werden zusätzliche Genorte geschaffen, die wiederum durch Punktmutationen neuartige Gene und Allelserien bilden können.
3. Genommutationen gehen auf Verteilungsfehler bei der Meiose zurück. Durch Vervielfältigung ganzer Chromosomensätze können bei Pflanzen neue Arten entstehen, die so in einem Schritt von der Ausgangsart isoliert sind (S. 73).

Mutationen entstehen spontan, ohne erkennbare äußere Ursache mit unterschiedlicher Häufigkeit. Allerdings kennt man Strahlen und Stoffe (mutagene Agentien), welche die Häufigkeit, mit der Gene mutieren, steigern. Sowohl die spontanen als auch die sog. induzierten Mutationen erfolgen aber stets *blindlings,* d. h. sie stellen keine gezielten Antworten auf einen bestimmten Umweltfaktor dar. Dies weiß man insbesondere aus Experimenten zur Giftresistenz von Bakterien (S. 57).

Die sog. spontane *Mutationsrate* ist für eine einzelne Mutation recht gering, etwa 10^{-4} bis 10^{-8} je Gen und Generation. Aufgrund der hohen Anzahl von Genen und wegen der Möglichkeit eines Gens, in verschiedene Richtungen (Allele) zu mutieren, erreicht die Gesamthäufigkeit von Genmutanten pro Generation oft mehr als 1%.

Dominante Genmutationen (a → A) wirken sich sofort im Phänotyp aus. Rezessive Genmutationen (A → a) äußern sich in der Regel erst, wenn sie im homozygoten Zustand vorliegen (aa). In beiden Fällen sind sie für ein betroffenes Individuum meist schädlich oder gar tödlich (letal), weil es weit wahrscheinlicher ist, daß ein blinder Eingriff in ein funktionierendes, hochkomplexes System eine Verschlechterung als eine Verbesserung bringt.
In heterozygoten Genotypen (Aa) können sich rezessive Mutationen lange Zeit in einer Population gleichsam in „Wartestellung" halten und anreichern. Unter veränderten Umweltbedingungen können sie dann für homozygote Genträger (aa) mitunter sogar von Vorteil werden. Solche zufälligen Anpassungen an zukünftige Umweltsituationen bezeichnet man als *Präadaptationen.*

Rekombination

Rekombinationen von Chromosomen- und Allelkombinationen treten bei sich zweigeschlechtlich fortpflanzenden Lebewesen bei der zufälligen Verteilung der väterlichen und mütterlichen Chromosomen in der Meiose sowie beim zufälligen Zusammentreffen der Gameten während der Befruchtung auf. Hinzu kommt noch Genaustausch gekoppelter Gene durch crossing-over während der Meiose. Diese Vorgänge führen zwar nicht zur Entstehung neuer Allele, wohl aber zur Entstehung neuer Allelkombinationen und damit zu Individuen mit neuen Merkmalskombinationen, an denen Selektionsfaktoren (S. 56) angreifen können. Dadurch kann Rekombination indirekt zur Veränderung von Genhäufigkeiten führen.
Doch auch ohne die Mitwirkung der Selektion kann Rekombination die Ursache für Veränderungen von Genhäufigkeiten sein, wie im nächsten Abschnitt dargestellt wird.

5.4 Gendrift

Unter Gendrift (auch *Allelendrift* oder *Sewall-Wright-Effekt* genannt) versteht man die Veränderung von Genhäufigkeiten durch zufällige Auswahl von Genotypen. Zu einer solchen Zufallsauswahl kann es kommen, wenn z. B. wenige Individuen einer großen Population als sog. *Gründerindividuen* ein neues Gebiet besiedeln. Sie bringen nur eine *zufällige Auswahl* von Genen aus dem Genpool der Stammpopulation mit. Eine ebenso zufällige Auswahl von Genotypen stellen die Überlebenden von Katastrophen (wie Überschwemmungen, Waldbrände usw.) dar.

Wenn *wenige* Individuen eine neue Population bilden, so können sich die Genhäufigkeiten erneut durch *Zufall* verändern, wie am Beispiel der Nachkommen einer extrem kleinen „Population" von zwei Individuen gezeigt wird:

Aus der Kreuzung AA × Aa entstehen nach den Gesetzen der Wahrscheinlichkeit die Nachkommen AA und Aa im theoretischen Verhältnis 1 : 1. Bei nur zehn Nachkommen kann das Verhältnis aber zufällig auch 6 : 4, 7 : 3, 8 : 2, 9 : 1 oder gar 10 : 0 sein. Entstehen beispielsweise überhaupt keine Nachkommen der Kombination Aa, so ist die Mutation a unter den Nachkommen völlig verlorengegangen.

Je kleiner die Elternpopulation und je geringer die Nachkommenzahl ist, desto eher werden unausgeglichene Genverhältnisse an die nächste Generation weitergegeben und um so stärker können sich Genhäufigkeiten zufallsbedingt von Generation zu Generation verändern.

Aufgaben

1. Erläutern Sie die Bedeutung der Rekombination für das Evolutionsgeschehen.
2. Formulieren und begründen Sie einen möglichen Zusammenhang zwischen Evolutionsgeschwindigkeit und geschlechtlicher bzw. ungeschlechtlicher Vermehrungsweise.
3. Auf welche Weise können große Schwankungen der Populationsgröße zufällige Veränderungen des Genpools beschleunigen?
4. Erläutern Sie die zwei Aspekte von Gendrift anhand einiger Auswanderer, die zum Ausgangspunkt einer neuen Population werden.
5. Beeinflußt die Zahl der Nachkommen pro Pärchen die Gendrift a) in einer kleinen, b) in einer großen Population? Begründen Sie ihre Antworten.

Modellversuche zu Mutation und Gendrift

1. nach Schilke, K.: Modellversuche zu den Evolutionsfaktoren. In: Unterricht Biologie 3, S. 58, 1976.
2. nach Witte, J.: Ein Evolutionsspiel zur Veranschaulichung der Gendrift. In: Praxis der Naturwissenschaften (Biologie) *5*, 128, 1979.

5.5 Selektion

Alle bisher genannten Evolutionsfaktoren, *Mutation, Rekombination* und *Gendrift,* sind *Zufallsereignisse,* die zufällige Merkmalsänderungen an Individuen in Populationen bewirken. Die Beobachtung beliebiger Lebewesen zeigt jedoch, daß die Kombination seiner wichtigen anatomischen, physiologischen und ethologischen Eigenschaften *nicht zufällig,* sondern in höchst erstaunlichem Maß *zweckmäßig,* d. h. an die besonderen Bedingungen seiner Umwelt angepaßt ist.

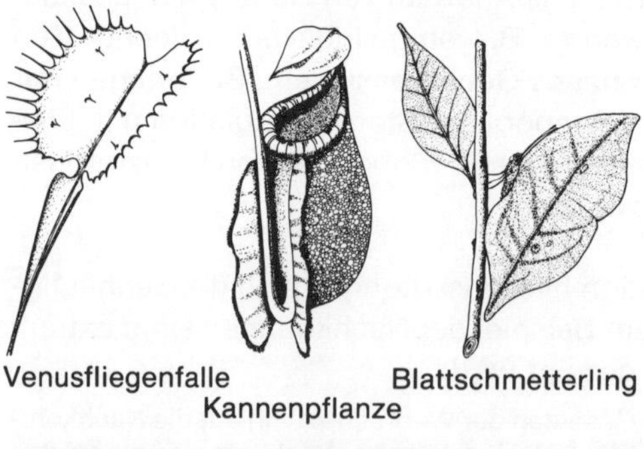

Venusfliegenfalle
Kannenpflanze
Blattschmetterling

So sind z. B. die Blätter der Venusfliegenfalle oder die der Kannenpflanze in verschiedener, aber jeweils vollendeter Weise dem Zweck angepaßt, Insekten zu fangen.

Körperform, Färbung und Verhalten z. B. des Blattschmetterlings Kallima sind bestens geeignet, das Tier den Blicken seiner Feinde zu entziehen.

Abb. 54.1. Beispiele für Zweckmäßigkeit bzw. Anpassung

Derartige zweckmäßige Anpassungen sind nach Darwin das Ergebnis der *natürlichen Auslese oder Selektion,* die an den durch Mutation und Rekombination blindlings geschaffenen Varianten ansetzt.

Sie äußert sich darin, daß verschiedene Individuen (Phänotypen) einer Population aufgrund unterschiedlicher „Eignung“ unterschiedliche Anzahlen von Nachkommen in die nächste Generation bringen. Wenn, wie es in natürlichen Populationen der Fall ist, die phänotypischen Unterschiede zwischen Individuen wenigstens zum Teil auf genetischen Unterschieden beruhen, so führen höhere Nachkommenzahlen bestimmter Phänotypen zu einer gerichteten Verschiebung von Genhäufigkeiten im Genpool der Population. Ob ein Individuum einer natürlichen Population Nachkommen hat und wieviele, kann verschiedene Ursachen haben, d. h. Selektion kann auf verschiedene Weise wirksam werden:

Wirkungsweisen der Selektion

1. Verschiedene Individuen besitzen aufgrund ihrer spezifischen Merkmale eine unterschiedliche Lebenserwartung, d. h. eine unterschiedliche Überlebenschance. Viele sterben z. B. bereits vor Erreichen der Geschlechtsreife.
2. Verschiedene Individuen haben aufgrund ihrer spezifischen Merkmale größere oder kleinere Chancen, einen Geschlechtspartner zu finden. Manche sind dadurch von der Fortpflanzung ausgeschlossen.
3. Verschiedene Individuen sind aufgrund ihrer genetisch bedingten Konstitution unterschiedlich fruchtbar (fertil); d. h. manche bringen während derselben Lebensdauer mehr Nachkommen hervor als andere, manche gar keine.
4. Verschiedene Individuen unterscheiden sich in der genetisch bedingten Generationsdauer. Manche paaren sich früh, andere spät, so daß schließlich in der einen Sippe erst wenige Enkel vorhanden sind, während in der anderen zur gleichen Zeit bereits zahlreiche Urenkel existieren.

Quantitative Betrachtung der Selektion

Individuen, die innerhalb einer Population die höchsten Nachkommenzahlen hervorbringen, ordnet man den *Selektionswert* (auch Eignung oder Fitness) $W = 1$ zu. Der Selektionswert eines bestimmten zu untersuchenden Genotyps ergibt sich dann wie folgt:

$$W = \frac{\text{Anzahl der Nachkommen des untersuchten Genotyps}}{\text{Anzahl der Nachkommen des „besten" Genotyps}} \quad (\text{z. B. } W = \tfrac{4}{5} = 0{,}8)$$

Der sog. *Selektionskoeffizient* $s = 1 - W$ (i. B. $1 - 0{,}8 = 0{,}2$) gibt demgegenüber an, welcher Anteil des untersuchten Genotyps durch geringere Nachkommenzahl in der nächsten Generation nicht mehr vorhanden ist. Ein großer Wert für s bedeutet demnach starke Selektionsbenachteiligung oder starken *Selektionsdruck.*

Aus dem Selektionskoeffizienten und der Hardy-Weinberg-Beziehung kann man die Abnahme der Häufigkeit eines rezessiven Allels, gegen dessen homozygote Träger selektiert wird, modellhaft berechnen:

Genotypenverhältnis der Ausgangspopulation vor der Selektion:
AA : Aa : aa = $Q^2 : 2\,Qq : q^2$

Genotypenverhältnis der Ausgangspopulation nach der Selektion:
AA : Aa : aa = $Q^2 : 2\,Qq : q^2 \cdot (1-s)$

Daraus lassen sich die veränderten Allelhäufigkeiten von A und a berechnen, welche die Genotypen der F_1-Generation bilden. usw. (vgl. Lit. [5] und [62]).

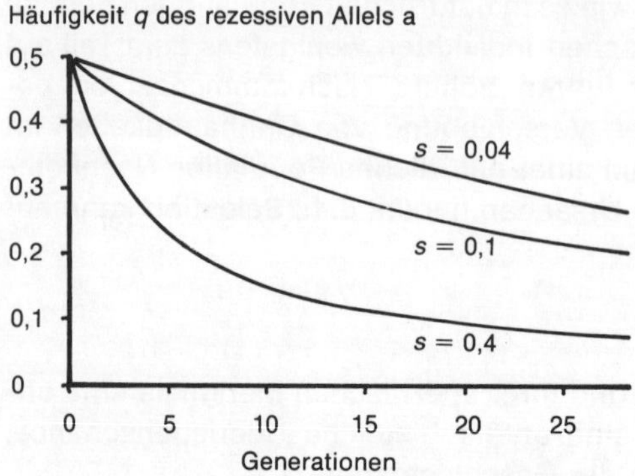

Abb. 56.1. Abnahme des rezessiven Allels a in Abhängigkeit vom Selektionskoeffizienten *s*

Abb. 56.1. zeigt die errechnete Abnahme des Allels a in Abhängigkeit von 3 verschiedenen Selektionskoeffizienten.

Selektion führt demnach zu gerichteter *Verschiebung von Allelhäufigkeiten* im Genpool einer Population, und zwar um so schneller, je größer der Selektionskoeffizient ist.

Je mehr die Häufigkeit des Allels a abnimmt, um so mehr macht sich in natürlichen Populationen der sog. *Mutationsdruck* bemerkbar, der durch Neumutationen (A $\rightarrow$ a) verhindert, daß das Allel a völlig verschwindet.

Aufgabe

In einer Population mit Hardy-Weinberg-Verteilung der Genotypen AA, Aa und aa sind die Häufigkeiten Q gleich 0,6 und q gleich 0,4. Es wird mit $s = 0{,}2$ gegen aa selektiert. Wie verteilen sich die Häufigkeit der Genotypen und der Allele A und a in der Folgegeneration? (Nur für mathematisch Interessierte)

5.6 Abiotische Selektionsfaktoren

Abiotische Selektionsfaktoren sind Faktoren der unbelebten Umwelt, z. B. Hitze, Kälte, Trockenheit, Feuchtigkeit, Licht, Dunkelheit, Sturm, Salzgehalt des Wassers bzw. Bodens, Gifte usw. Diejenigen Individuen, die an die jeweiligen wesentlichen Umweltbedingungen besser angepaßt sind, werden mehr Nachkommen hervorbringen können als die weniger gut angepaßten.

Sturm als Selektionsfaktor

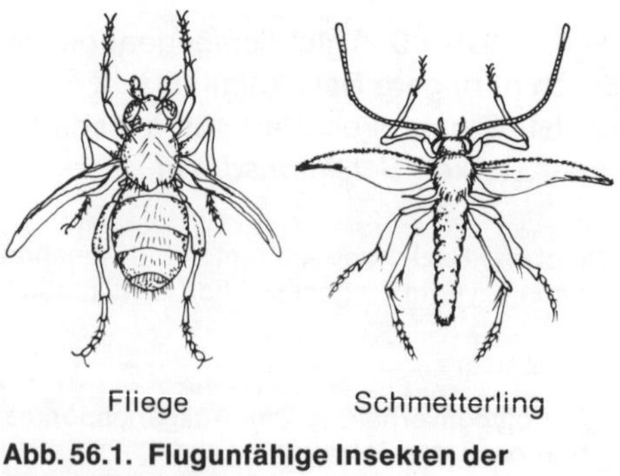

Abb. 56.1. Flugunfähige Insekten der Kerguelen-Inseln

Auf den Kerguelen, einer sturmumtosten Gruppe kleiner Inseln am Rande der Arktis, findet man einige flugunfähige Fliegen- und Schmetterlingsarten mit reduzierten Flügeln. Ähnlich flugunfähige Formen kennt man als seltene Mutanten bei normalgeflügelten Arten, z. B. bei Drosophila-Fliegen. Solche Mutanten haben unter normalen Bedingungen einen deutlichen Selektionsnachteil, wie man aus Experimenten mit stummelflügligen Drosophilafliegen weiß. Durch den starken Wind als Selektionsfaktor genießen dagegen gerade flugunfähige, am Boden krabbelnde Insekten einen Selektionsvorteil gegenüber Fliegern, die leicht aufs Meer getrieben werden.

Temperatur als Selektionsfaktor

Kaiserpinguin (Antarktis) Humboldtpinguin (gemäßigte Zone) Galapagospinguin (Tropen)

Abb. 57.1. Zusammenhang zwischen Körpergröße und Klimazone

Pinguinarten der Antarktis sind größer als solche der gemäßigten Zone. Am kleinsten sind die Pinguine der tropischen Arten.
Die Wärmeabgabe eines warmblütigen Tieres ist seiner Oberfläche proportional. Größere Tiere haben aber relativ zum Körpervolumen eine kleinere Oberfläche. Sie verlieren damit in kalter Umgebung relativ weniger Wärme und haben damit gegenüber kleineren Tieren einen Selektionsvorteil.

Man kennt eine Reihe von weiteren Beispielen, die diesem Prinzip entsprechen: so ist das sibirische Wildschwein größer als das spanische, der sibirische Tiger ist größer als der indische usw. *(Bergmann'sche Regel).*

Gifte als Selektionsfaktor

Besonders deutlich und verhängnisvoll äußert sich der Mutations-Selektions-Mechanismus bei der Anwendung von Antibiotika, Pestiziden und Herbiziden zur Bekämpfung von Krankheiten, Schädlingen und Unkräutern. Es ist seit langem bekannt, daß diese Mittel um so mehr an Wirksamkeit verlieren, je länger sie angewendet werden. Diese Tatsache ist nicht die Folge einer direkten Anpassung der bekämpften Lebewesen an die Gifte. Sie beruht vielmehr darauf, daß in allen Populationen, deren Individuen normalerweise von dem Gift in der angewendeten Dosis getötet werden, einzelne zufällig und unabhängig von der Giftgabe zur Giftresistenz mutieren. Enthält eine Population zum Zeitpunkt der Giftgabe bereits die eine oder andere Resistenzmutante, so überleben diese den Giftangriff und werden Gründer neuer Populationen, deren Individuen alle gegen das Gift resistent sind.
Aus manchen krankheitserregenden Bakterienarten sind durch die Antibiotika als Selektionsfaktoren inzwischen Stämme ausgelesen worden, die bereits gegen 14 verschiedene Antibiotika resistent sind.

Vorschlag für ein Referat

Nachweis der Spontaneität von Mutationen bei Bakterien durch Veränderung der Selektionsbedingungen im Luria-Delbrück-Experiment nach Bresch-Hausmann: Klassische und molekulare Genetik. Heidelberg: Springer Verlag ³1972.

Aufgaben

1.

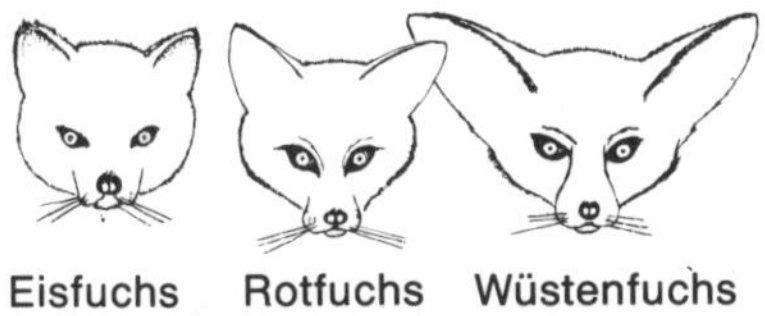

Eisfuchs Rotfuchs Wüstenfuchs

Abb. 57.2. Zusammenhang zwischen Ohrengröße und Klimazone

Die Ohrengröße nimmt vom arktischen Eisfuchs über den einheimischen Rotfuchs zum subtropischen Wüstenfuchs zu (Allen'sche Regel). Interpretieren Sie diesen Befund.

2. Warum wird eine Bakterienpopulation schneller resistent gegen ein Gift als eine Insektenpopulation?

5.7 Biotische Selektionsfaktoren

Biotische Selektionsfaktoren sind Faktoren der belebten Umwelt. Diese können artfremde Individuen sein, z. B. Freßfeinde, Parasiten usw. *(zwischenartliche Selektionsfaktoren).* Es können auch die Artgenossen selbst sein, die um Lebensraum, Nahrung und Geschlechtspartner konkurrieren *(innerartliche Selektionsfaktoren).*

Selektion durch Freßfeinde und Beute

Viele Tiere und Pflanzen sind in der Färbung ihrem Lebensraum angepaßt und werden deshalb von optisch orientierten Freßfeinden seltener erbeutet als die weniger gut angepaßten Individuen.

Abb. 58.1. Tarnung durch Farbanpassung

Der Birkenspanner ist mit seinen dunkel gefleckten, hellgrundigen Flügeln auf Birkenrinde und flechtenbewachsenen Stämmen sehr gut getarnt.

Im Jahre 1848 wurde im mittelenglischen Bezirk Manchester ein erstes dunkel gefärbtes Exemplar gefunden. 1895 waren um Manchester bereits 95% aller Birkenspanner dunkel gefärbt.

Eine ähnliche Verdrängung der normal hell gefärbten Individuen durch dunkle ist von mehr als 70 Schmetterlingsarten aus verschiedenen Industriegebieten bekannt.

Was ist die Ursache für diese Verschiebung des Häufigkeitsverhältnisses zugunsten der dunkleren Formen?

In Industriegebieten mit starker Luftverschmutzung stirbt häufig der Flechtenbewuchs ab, und die Stämme werden durch Verrußung dunkel. Auf diesem Untergrund bietet die normale Färbung keinen Schutz vor den optisch orientierten, schmetterlingsfressenden Vögeln mehr, so daß die normal gefärbten Tiere ausselektiert werden. Die dunklen Mutanten sind jetzt besser angepaßt und genießen damit einen Selektionsvorteil.

Man nennt das Phänomen *Industriemelanismus.*

Eine andere Art des Sichverbergens ist die *Gestaltauflösung* durch optische Zerlegung der Körperumrisse in scheinbar unzusammenhängende Teile, wie das nebenstehende Beispiel einer südamerikanischen Laubfroschart zeigt.

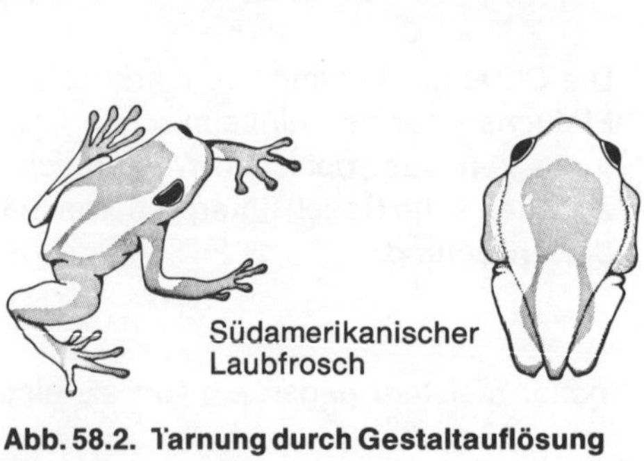

Abb. 58.2. Tarnung durch Gestaltauflösung

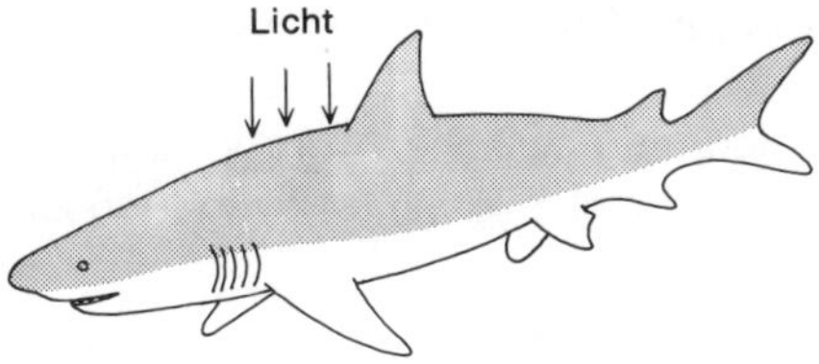

Abb. 59.1. Tarnung durch Gegenschattierung

Bei der *Gegenschattierung* sind normal im Schatten liegende Körperpartien aufgehellt, beleuchtete dagegen dunkel gefärbt, so daß ein völlig unplastischer „körperloser" Eindruck entsteht.
Auf diese Weise können sich sowohl angreifende Räuber als auch Beutetiere verbergen.

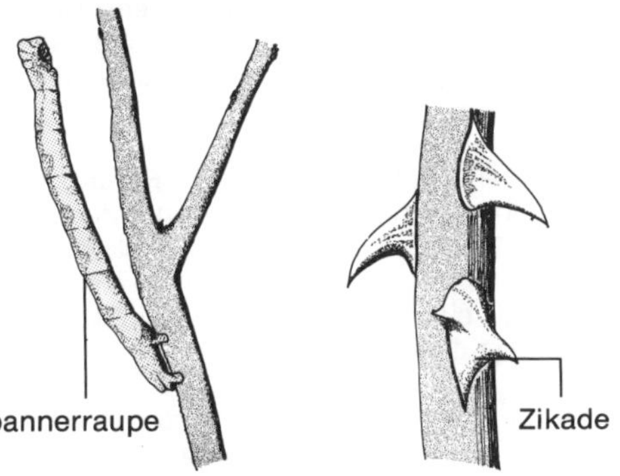

Abb. 59.2. Tarnung durch Mimese

Zahlreiche Tiere sind durch ihre gestaltliche oder farbliche Ähnlichkeit mit unverdächtigen Gegenständen ihrer Umwelt vor Feinden getarnt. Der Blattschmetterling Kallima (Abb. 54.1) ahmt in verblüffender Weise Blätter nach, Spannerraupen und -puppen gleichen trockenen Ästchen, bestimmte Zikaden einem Pflanzenstachel usw.

Tarnung durch Nachahmung bestimmter Gegenstände bezeichnet man als *Mimese.*

Aber auch die Hervorhebung der Identität durch sog. *Warntrachten* kann einen Selektionsvorteil bedeuten. So bilden wehrhafte, ungenießbare oder giftige Tiere, z. B. Wespen, Feuerwanzen, Stinktiere usw., auffällige Färbungen und Zeichnungen aus, die sich den Feinden nach einer Begegnung mit unangenehmen Folgen leicht einprägen.

Eine weitere Möglichkeit, einem potentiellen Freßfeind zu entgehen, ist das plötzliche Zurschaustellen auffälliger Zeichnungen oder Farbeffekte, die zumindest kurzfristig irritieren und ablenken, *sog. Schrecktrachten.* So entfaltet das Abendpfauenauge bei Gefahr rasch seine Hinterflügel mit den deutlichen Augenzeichnungen. Einige Schmetterlingslarven pumpen schnell Blut in bestimmte Körperteile, die dann aufgebläht große „Augen" zeigen. Unken werfen sich bei Gefahr auf den Rücken, um dem Gegner ihre grell rot oder gelb gefärbte Bauchseite zu präsentieren.

Ein besonderer Trick wehrloser Tiere ist die Nachahmung ungenießbarer oder wehrhafter Tiere, die sog. *Scheinwarntracht oder Mimikry.* So haben z. B. eine Reihe harmloser Insekten, wie der Hornissenschwärmer, bestimmte Schwebfliegen oder der Wespenbock, eine ähnlich auffällige, schwarz-gelbe Zeichnung wie die wehrhaften Wespen; Wollschweber und Hummelschwebfliegen ähneln täuschend Hummeln usw.

In all diesen Fällen nimmt man an, daß diejenigen Varianten, die aufgrund von Mutation und Rekombination zufällig bessere Tarn- und Warnfärbungen ausprägen konnten, durch die Selektion der Freßfeinde bevorzugt überleben und die günstigen Gene in die nächste Generation bringen konnten. In einigen Fällen ist diese Annahme experimentell bestätigt.

Selektion durch Parasiten

Bekannte Beispiele für die Selektionsauswirkung von Seuchen sind etwa die Pest- und Choleraepidemien, die in der Vergangenheit in Asien und in Europa Millionen

von Menschen hinweggerafft haben, die weniger Widerstandskraft gegen die Erreger besaßen als die Überlebenden.
Ein Beispiel besonderer Art ist der Zusammenhang zwischen dem Vorkommen von Malariaerregern und der Verbreitung des sog. Sichelzellgens (s) beim Menschen.

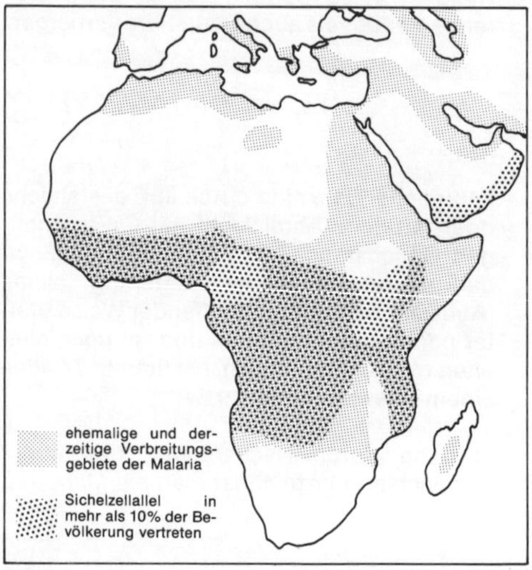

Abb. 60.1. Verbreitung von Malaria und Sichelzellallel

Sichelzellanämie ist eine Blutkrankheit, die homozygote Träger des rezessiven Sichelzellgens (ss) im Jugendalter sterben läßt (vgl. Lb. der Genetik). Die Lebenserwartung heterozygoter Genträger (Ss) ist gegenüber homozygot gesunden (SS) nur wenig vermindert.

In den Blutkörperchen der Heterozygoten können sich jedoch die Erreger der Malaria nicht vermehren, so daß die Allelkombination Ss einen Schutz gegen die Malaria und damit einen Selektionsvorteil in Malariagebieten darstellt.

So erklärt es sich, daß in solchen Gebieten trotz der starken Selektion gegen das Sichelzellallel dieses nicht verschwindet, sondern zu einem wesentlich höheren Prozentsatz in der Bevölkerung verbreitet ist als in malariafreien Gebieten.

Selektion durch artverschiedene Konkurrenten

Dohlen, Stare, Eulen und Hohltauben machen sich Konkurrenz um Höhlen als Brutstätten, Eichhörnchen und Kreuzschnäbel um Koniferensamen als Nahrung usw. Der Selektionsdruck, den artfremde Individuen auf eine Population ausüben, steigt mit der Anzahl der gemeinsamen Lebensansprüche an die gemeinsame Umwelt und mit der Anzahl der Individuen. Bereits wenige gemeinsame Ansprüche können dazu führen, daß die unterlegene Population sich einen anderen Lebensraum suchen muß oder, wo das nicht möglich ist, ausstirbt *(Konkurrenzausschlußprinzip).* So hat z. B. der Dingo, ein schon früh von den Europäern nach Australien gebrachter und dort verwilderter Haushund, den einheimischen Beutelwolf und den Beutelteufel praktisch ausgerottet. Zwar ist der Beutelwolf dem Dingo rein körperlich überlegen, kann mit ihm aber als Jäger nicht konkurrieren. Beide Beutler leben heute nur noch auf Tasmanien, wo der Dingo nicht eingeschleppt wurde.

Selektion durch artgleiche Konkurrenten

Wüstensträucher konkurrieren z. B. um Wasser. Deshalb ist jede Pflanze von der nächsten gleichartigen etwa gleich weit entfernt. Die Entfernung wird durch hormonartige Stoffe eingehalten, die jede Pflanze in den Boden abgibt und die die Entwicklung weiterer Pflanzen in einem bestimmten Umkreis hemmen.
Bei vielen Tieren führt die Konkurrenz um Nahrung, Raum und Geschlechtspartner zu

Kämpfen, die meist in Form von Kommentkämpfen ausgetragen werden (vgl. Lb. der Verhaltensbiologie).

Diese Kämpfe führen in der Regel nicht zur Beschädigung oder zum Tod des Unterlegenen, aber sie entscheiden mittelbar oder unmittelbar über die Teilnahme an der Fortpflanzung und damit über die Zusammensetzung des Genpools der Folgegeneration. Damit haben Kommentkämpfe populationsgenetisch dieselben Auswirkungen wie Kämpfe auf Leben und Tod.

Selektion durch geschlechtliche Zuchtwahl

Konkurrenz um Geschlechtspartner stellt einen Selektionsfaktor dar, der sich in seiner Wirkung prinzipiell von den bisher besprochenen abiotischen und biotischen Selektionsfaktoren unterscheidet:

Bei vielen Tierarten kann man beobachten, daß die Männchen mehr oder weniger auffällig im Aussehen von den Weibchen abweichen. Diese Erscheinung bezeichnet man als *Sexualdimorphismus.*

Geweihe, Mähnen und Prachtkleider sind in der Regel nur im männlichen Geschlecht anzutreffen. Diese auffälligen Merkmale sind mit Imponierverhalten verbunden und dienen als sexuelle Auslöser während der Balz.

Weibchen bevorzugen meist Männchen mit besonders gut ausgebildeten derartigen Merkmalen. Je mehr Aufmerksamkeit ein Männchen damit bei den Weibchen erregt, desto höher sind seine Fortpflanzungschancen.

Die Ausbildung von Merkmalen mit sexuellem Signalcharakter kann sich durch die positive Auslese von besonders auffälligen Varianten von Generation zu Generation verstärken. Dies führt in manchen Fällen zu extremen Überbetonungen, wie man sie z. B. vom eiszeitlichen Riesenhirsch, vom Pfau und von den Männchen der Paradiesvogelarten kennt.

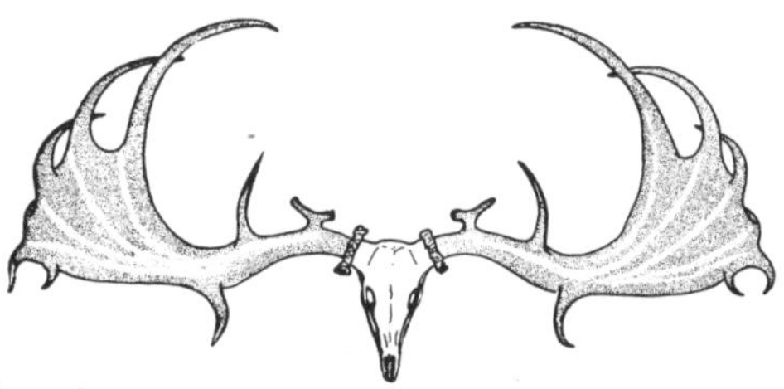

Geweih des eiszeitlichen Riesenhirsches (–4 m)

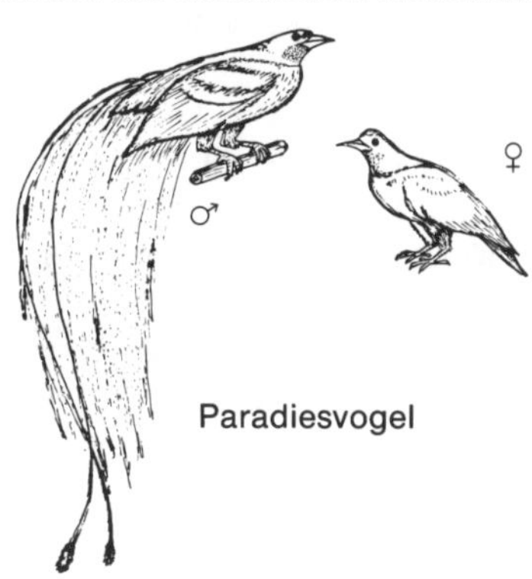

Abb. 61.1. Sexualdimorphismus

Ein derart auffälliges Merkmal kann aber auch die Überlebenschance gegenüber Feinden vermindern, so daß sich in den meisten Fällen ein Kompromiß zwischen den Vorteilen bei der geschlechtlichen Zuchtwahl und den Nachteilen in der Anpassung gegenüber abiotischen und biotischen Umweltfaktoren eingestellt hat.

Modellversuche zur Selektion

1. nach Dylla, K.: Ein für die Schule geeigneter Modellversuch zum Nachweis verschiedener Selektionsprinzipien. In: MNU 18, 168, 1965.
2. nach Reichert, U., und W. Laskowsky: Ein Schulversuch zur Demonstration des Selektionsprinzips in der Biologie. In: MNU 23, 364, 1970.
3. nach Schilke, K.: Modellversuche zu den Evolutionsfaktoren (Selektion). In: Unterricht Biologie 3, 55, 1976.

Aufgaben

1. a) Beschreiben Sie eine mögliche Anordnung und Durchführung eines Versuchs, der folgendes Ergebnis erbrachte:

Untergrund	gefressene Birkenspanner helle Formen	dunkle Formen
hell	26	164
dunkel	45	15

b) Beschreiben und interpretieren Sie das Ergebnis.

2. Seit ca. 10 Jahren machen sich in den alten englischen Industriegebieten Luftreinigungsmaßnahmen in einer Aufhellung des Flechtenbewuchses der Bäume bemerkbar. Diskutieren Sie verschiedene Voraussetzungen für mögliche Auswirkungen auf die Falterpopulationen.
3. Welche Voraussetzungen müssen gegeben sein, damit die Nachahmung eines wehrhaften Tieres (z. B. Hornisse) dem Nachahmer (Hornissenschwärmer) einen Selektionsvorteil verschafft?
4. Im Indopazifik lebt der Putzerlippfisch Labroides, der andere Fische von deren Hautparasiten befreit und sich durch auffällige Körperzeichnung und sein typisches Verhalten zu erkennen gibt. Daneben lebt auch ein räuberischer Schleimfisch (Aspidonotus), der dem Putzer in Größe und Zeichnung fast gleich ist und der sogar das charakteristische Anschwimmverhalten des Putzers nachahmt. Nur befreit er die reinigungsbedürftigen Fische nicht von ihren Hautparasiten, sondern beißt ihnen Stücke aus den Flossen.

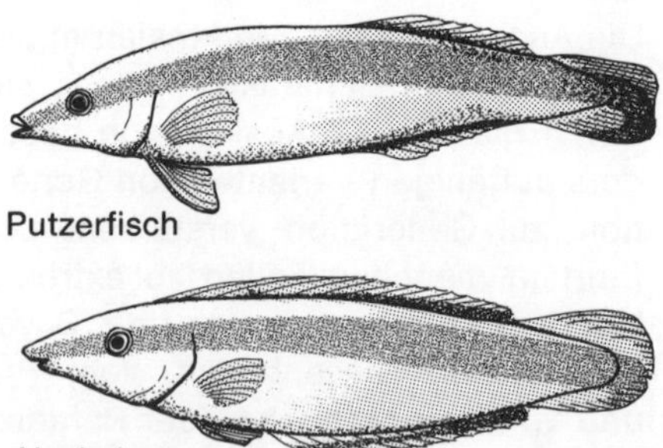

Abb. 62.1. Nachahmung eines Putzerfisches

Interpretieren Sie diese Befunde nach der Selektionstheorie.

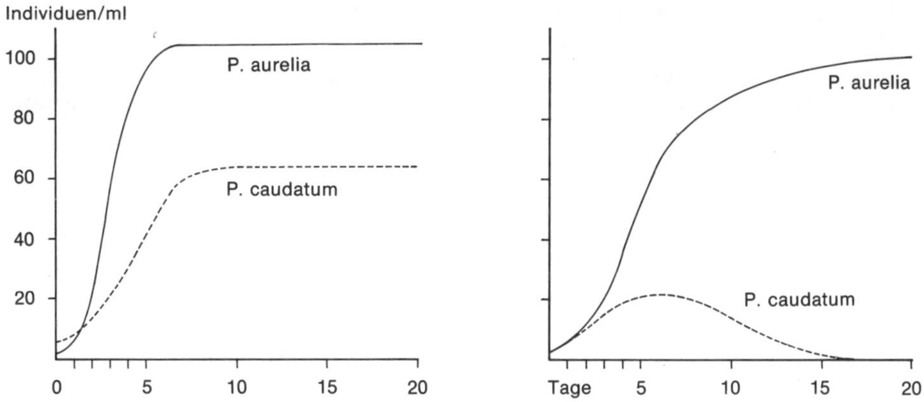

Abb. 63.1. Wachstumskurven von Paramaecien

5. Die Paramaecienarten P. aurelia und P. caudatum leben beide von Bakterien. Züchtet man beide Arten isoliert voneinander, so zeigen die Populationen den links dargestellten Wachstumsverlauf. Kultiviert man beide Arten zusammen, so ergibt sich der rechts dargestellte Wachstumsverlauf. Interpretieren Sie die Ergebnisse.
6. In Gebieten, in denen die Malaria ausgerottet ist (z. B. Süditalien), treten noch gehäuft heterozygote Träger des Sichelzellallels auf. Auch in Nordamerika, das niemals zu den Verbreitungsgebieten der Malaria gehörte, gibt es unter der Negerbevölkerung Träger des Sichelzellallels.
   a) Erklären Sie diese Befunde.
   b) Begründen Sie, wie sich in diesen Gebieten die Häufigkeit des Sichelzellallels in der Zukunft verändern wird.
7. Welche Folgen sind in einer Population von Tieren zu erwarten, die auf Grund ihrer Anlagen Kommentkämpfe austragen, wenn durch Mutation einzelne Ernstkämpfer entstehen?
8. Diskutieren Sie die Behauptung, durch geschlechtliche Zuchtwahl seien bei manchen Arten geschlechtsspezifische Merkmale so übertrieben worden (z. B. Geweih des Riesenhirsches), daß die Art deshalb ausstarb.
9. Eine Laborpopulation von je 50% weißäugigen und normal rotäugigen Drosophilamännchen und -weibchen wurde in einem Experimentierraum bei regelmäßiger Futterzugabe sich selbst überlassen. Die 25. Folgegeneration enthielt nur noch normal rotäugige Fliegen. Bei Drosophila geht die Partnerwahl bei der Balz vom Weibchen aus. Weißäugigkeit wird X-chromosomal rezessiv vererbt.
   a) Erörtern Sie mögliche Ursachen für den Wandel in der Zusammensetzung der Population.
   b) Kalkulieren Sie das Verhältnis von Wildtyp- und von white-Allelen für die Ausgangsgeneration und für die erste Folgegeneration unter der (extremen) Annahme, daß weißäugige Männchen neben rotäugigen von Weibchen als Partner nicht angenommen werden.

5.8 Künstliche Auslese, Tier- und Pflanzenzucht

Die vielfältigen Formen der Haustiere und Nutzpflanzen sind vom Menschen in verhältnismäßig kurzer Zeit aus Wildformen durch *künstliche Auslese* herausgezüchtet worden. Vom Züchter werden jeweils diejenigen Individuen zur Weiterzucht ausgelesen, welche die erwünschten Merkmale in besonders starker Ausprägung zeigen.

Abb. 64.1. Wirkungen künstlicher Auslese

Wie stark und wie rasch z. B. Körpermerkmale durch künstliche Auslese verändert werden können, war bereits Charles Darwin am Beispiel der Taubenrassen aufgefallen.

Alle ca. 150 heute vorkommenden Rassen sind im Laufe von nur ca. 300 Jahren aus Varianten der Felsentaube herausgezüchtet worden.

Die mehr als 450 Hunderassen gehen alle auf den Wolf zurück, der vor etwa 10000 Jahren vom Menschen in Zucht genommen wurde.

Eindrucksvoll und von größter Bedeutung für die Welternährung sind die Züchtungserfolge bei den wichtigsten Nutzpflanzen und Nutztieren.

So ist z. B. die durchschnittliche Jahresmilchleistung von Kühen insbesondere durch Zuchterfolge allein in den letzten 3 Jahrzehnten von ca. 3500 l auf über 6000 l pro Jahr gesteigert worden. Bei den Getreidesorten wurden in derselben Zeit z. B. Kornzahl pro Ähre, Halmfestigkeit und Schädlingsresistenz beträchtlich erhöht.

Vorschlag für Referate

1. Moderne Methoden der Pfanzenzucht nach Heß, D.: Isolierte Protoplasten – Objekte der genetischen Manipulation bei Pflanzen. In: Biuz 5, 1975.
2. Moderne Methoden der Tierzucht nach Micheler, A.: Genetische Manipulationen. In: Biuz 4, 1978.

Aufgaben

1. Begründen Sie, unter welchen Voraussetzungen die Auswahl der größten und der kleinsten Bohnen für eine getrennte Weiterzucht zu keinen Unterschieden in Mittelwert und Streuung der Bohnengrößen beider Tochterpopulationen führt.
2. Die sowjetischen Biologen Mitschurin und Lyssenko erhielten eine kälteresistente Getreidesorte durch Weiterzucht einer nicht kälteresistenten Getreidesorte unter Kältebedingungen. Sie betrachteten ihren Erfolg als Beleg für die Vererbung erworbener Eigenschaften. Diskutieren Sie Befund und Interpretation.
3. Begründen Sie, inwiefern die Evolutionsgeschwindigkeit bei der Zucht neuer Sorten von Nutzpflanzen a) durch mutagene Agenzien, b) durch künstliche Auslese, c) durch vegetative Vermehrung beschleunigt werden kann.
4. In der Tierzucht ist es gelungen, Embryonen von z. B. Hochleistungschafen durch Ammenschafe austragen zu lassen. Inwiefern kann dadurch die Evolutionsgeschwindigkeit erhöht werden?

6 Entstehung der Artenvielfalt

6.1 Konstanz, Wandel und Spaltung von Arten

In der Fossilgeschichte der Lebewesen kann man Arten nur als Typen kennzeichnen, die durch ein Bündel morphologischer Merkmale gekennzeichnet sind *(typologischer Artbegriff).*

Artkonstanz

Manche Arten haben sich über lange geologische Zeiträume, mitunter bis heute, nur wenig verändert („lebende Fossilien“, S. 44).

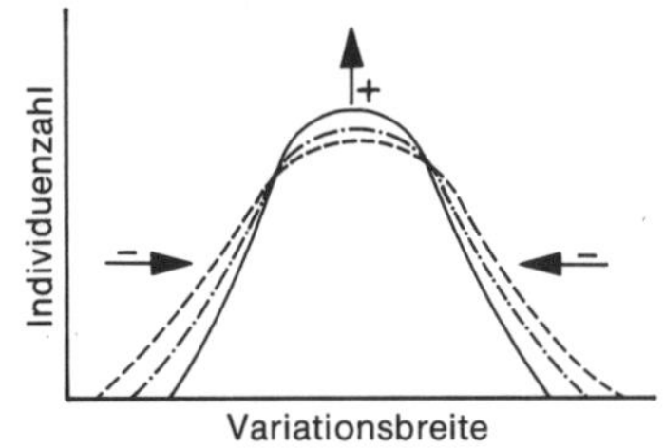

Abb. 65.1. Stabilisierende Selektion
(⇀ Negative Auslese, ± positive Auslese)

Man nimmt an, daß sich für diese Arten die Umweltbedingungen im Laufe der Zeit nur wenig verändert haben, so daß die durch Mutationen und Rekombinationen entstandenen, von der optimalen Anpassung abweichenden Varianten durch Selektion laufend eliminiert wurden.

Man spricht in diesem Fall von *stabilisierender Selektion.* Sie ist für die relative Konstanz von Arten verantwortlich.

Artumwandlung

Manche Arten haben sich im Laufe der Zeit so verändert, daß am Ende einer kontinuierlichen Reihe von Zwischenformen Lebewesen entstanden, die sich in wesentlichen Merkmalen von den Ausgangsformen unterscheiden.

Ein Beispiel dafür bietet z. B. die kontinuierliche Merkmalsverschiebung bei der Sumpfdeckelschnecke Viviparus im Laufe des Pliozäns Südost-Europas (vgl. auch Spektrum d. Wiss., H. 2., 1983).

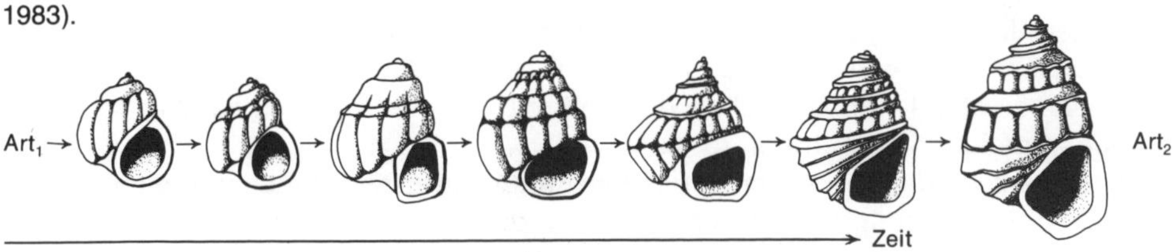

Abb. 65.2. Artumwandlung bei der Schneckengattung Viviparus im Tertiär

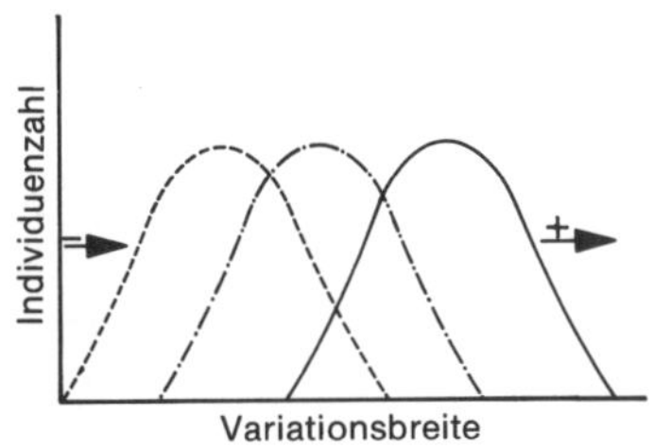

Abb. 65.3. Transformierende Selektion

Man nimmt an, daß sich derartige Umwandlungen immer dann vollzogen haben, wenn sich Umweltbedingungen über längere Zeit in eine bestimmte Richtung verändert haben, so daß ein einseitiger Selektionsdruck zur Verschiebung von Genhäufigkeiten und damit zum Artenwandel führte.

Man spricht in diesem Fall von *transformierender Selektion.* Sie führt *nicht* zur Vermehrung der Anzahl nebeneinander existierender Arten.

Artaufspaltung

Artaufspaltung ist der bedeutsamste Evolutionsvorgang.

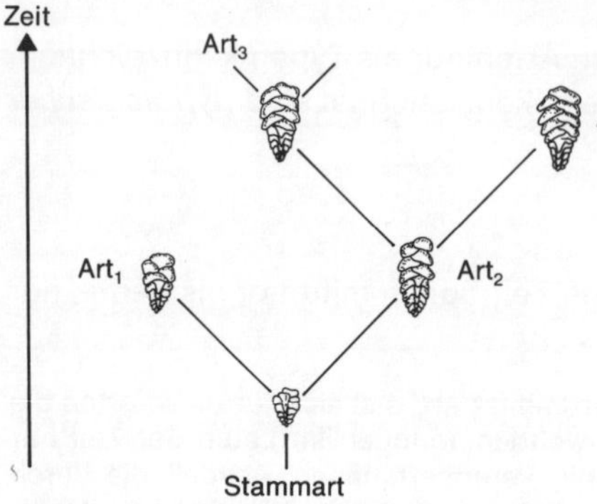

Abb. 66.1. Artaufspaltung bei Foraminiferen in der Kreide

Er kann direkt z. B. an fossilen, gehäusetragenden Urtierchen (Foraminiferen) belegt werden, deren Gehäuseveränderungen in der Schichtenfolge über einen Zeitraum von 10 Millionen Jahren verfolgt werden können:
Eine Stammart spaltet sich in gleichzeitig lebende Schwesterarten auf. Manche davon sterben aus, andere spalten sich weiter auf.
Im folgenden sollen die wichtigsten bekannten Faktoren, die zur Artaufspaltung und zur Bildung neuer Arten führen können, dargestellt werden.

6.2 Wege zur Rassenbildung

Vergleicht man viele Individuen einer Art aus verschiedenen Bereichen des Verbreitungsgebietes, so stellt man in der Regel fest, daß sich die Bewohner verschiedener Gegenden bzw. verschiedener Lebensräume derselben Gegend in bestimmten Merkmalen, z. B. Färbung, Musterung oder Größe, geringfügig aber deutlich unterscheiden: Eine Art setzt sich somit aus unterschiedlichen Populationen zusammen.
Für das Zustandekommen des genetischen Anteils der Merkmalsunterschiede der Populationen kommen drei Typen von Ursachen in Frage:

1. Bei der Ausbreitung der Art in verschiedene Bereiche des Verbreitungsgebietes ist es zu einer zufälligen Sonderung von Genotypen gekommen (Gendrift, S. 53).
2. In den verschiedenen Bereichen des Verbreitungsgebietes sind zufällig verschiedene Mutationen aufgetreten (S. 52).
3. In den verschiedenen Bereichen des Verbreitungsgebietes haben unterschiedliche Selektionsbedingungen unterschiedliche Anpassungen durch gerichtete, divergierende Verschiebungen von Genhäufigkeiten bewirkt.

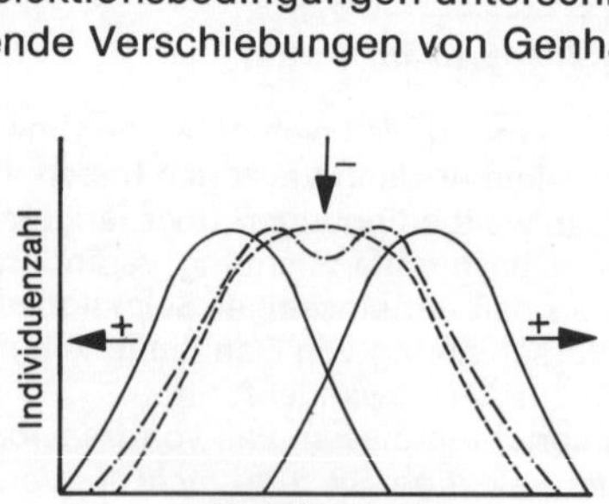

Abb. 66.2. Spaltende Selektion

Dieser Faktor führt insbesondere dann zu einer Aufspaltung, wenn die seltenen, extremen Phänotypen der Stammpopulation bei der Ausbreitung in neue Gebiete positiv und wenn die häufigen Phänotypen der Stammpopulation bzw. Bastarde aus beiden Teilpopulationen in den neuen Gebieten negativ ausgelesen werden.

Diesen Typ von Selektion bezeichnet man als *spaltende oder disruptive Selektion.*

Jede der drei Ursachen vermag für sich allein eine divergente Entwicklung der Genschätze von Populationen bewirken. Tatsächlich werden alle drei mit von Fall zu Fall unterschiedlichem Gewicht zusammenwirken.
Wenn sich die Populationen einer Art in wenigstens einem reinerbigen Merkmal voneinander unterscheiden, so bezeichnet man sie als *Rassen.*
Wenn solche Rassen denselben Typ von Lebensraum in verschiedenen Gegenden des Verbreitungsgebietes bewohnen, nennt man sie *geographische Rassen.*

So kennt man z. B. von der Kohlmeise, die im Waldgürtel über ganz Eurasien verbreitet ist, drei geographische Hauptrassen: die europäische, die südasiatische und die ostasiatische. Alle drei unterscheiden sich in Größe, Färbung, Gesang und anderen Merkmalen.

Wenn verschiedene Rassen im selben Gebiet verschiedene Lebensräume bewohnen, so spricht man von *ökologischen Rassen.*

So kennt man z. B. von der einheimischen Kreuzotter neben der bekannten Form mit dem charakteristischen Zickzackband eine weitere einheitlich schwarze Rasse („Höllenotter"), die in Mooren lebt, und eine gelbliche Rasse („Wiesenotter").

Die Begriffe Population und Rasse kennzeichnen eine graduell zunehmende Merkmalsdivergenz, wobei meist keine scharfe Grenzziehung möglich ist.
Solange es im Überlappungsbereich von zwei Populationen bzw. Rassen zu Kreuzungen und zur Bildung fertiler Bastarde kommt, gibt es noch einen Genaustausch, der den divergierenden Tendenzen entgegenwirkt.

Aufgaben

1. Linné beschrieb ursprünglich Stockentenerpel und -weibchen aufgrund der verschieden ausgestopften Bälge als zwei Arten. Nennen Sie weitere Beispiele innerartlicher morphologischer Variation aufgrund von Sexualdimorphismus sowie aufgrund unterschiedlicher Jugend- und Adultformen. Diskutieren Sie daran die Problematik des typologischen Artbegriffs.
2. Von der Hainschnirkelschnecke findet man im selben Gebiet im Wald bevorzugt eine rötliche ungebänderte Rasse, auf Wiesen eine hellgelbe und in Feldgehölzen bevorzugt eine stark gebänderte Rasse. Die Wiesenrasse hat gleichzeitig eine höhere Vorzugstemperatur als die Waldrasse. Feinde der Schnecken sind die Singdrosseln.
   Welche Faktoren könnten zur Entstehung dieser Rassen beigetragen haben und welche werden der Vermischung dieser Rassen entgegenwirken?
3. Erläutern Sie den Zusammenhang der Begriffe „positive und negative Selektion" anhand eines selbstgewählten Beispiels.

Eine weitergehende Auseinanderentwicklung von Populationen oder Rassen zu eigenständigen Arten kann nur stattfinden, wenn der Genaustausch zwischen ihnen noch mehr eingeschränkt bzw. ganz unterbunden wird. Eine solche *Fortpflanzungsisolation* kann auf zweierlei Weise entstehen bzw. aufrechterhalten werden:

1. Populationen oder Rassen werden oder sind durch geographische Hindernisse voneinander getrennt. Dies ist mit Abstand die wirksamste und deshalb auch wichtigste Art zur Verhinderung von Genaustausch und führt zu *geographischer oder allopatrischer Artbildung.*
2. Die Genflußhindernisse entstehen oder bestehen innerhalb einer noch bestehenden Fortpflanzungsgemeinschaft. Sie führen zu *sympatrischer Artbildung.*

6.3 Geographische Isolation

1. *Große Entfernungen* zwischen den Randgebieten eines zusammenhängenden Verbreitungsgebietes einer Art können bewirken, daß sich die Randpopulationen bzw. -rassen völlig getrennt und unabhängig voneinander durch andere Gendrift, andere Mutationen und andere Selektionsfaktoren zu eigenen Arten verändern.

Abb. 68.1. Rassen- und Artbildung bei Möwen

Ein Beispiel hierfür stellen die großen Möwen aus dem Rassenkreis der Herings-Silbermöwen dar, die in mehreren Rassen rund um das Polargebiet verbreitet sind und die wahrscheinlich alle auf eine asiatische Stammart zurückgehen.

Zwischen den benachbarten Rassen finden Bastardierungen statt.

Die beiden Endglieder der Rassenkette überschneiden sich heute in Nordwest-Europa. Zwischen ihnen, der Heringsmöwe (Larus fuscus) und der Silbermöwe (Larus argentatus) gibt es natürlicherweise keine Bastarde mehr.

Offenbar waren diese „Rassen" lange genug räumlich getrennt, um so verschieden zu werden, daß sie nun als echte Arten nebeneinander in derselben Gegend existieren können, ohne sich zu verpaaren (vgl. S. 73).

2. *Klimatische Veränderungen,* wie Vereisungen oder Versteppungen, die sich keilförmig als Barrieren in das Verbreitungsgebiet vorschieben, können zur Abdrängung von Populationsteilen in getrennte Refugien führen:

Abb. 68.2. Rassenbildung bei Krähen

Das Vordringen der Gletscher aus Skandinavien und den Alpen während der Eiszeit hat die Krähen in eine östliche und eine westliche Population zerlegt.

Die östliche Population entwickelte sich in der Zeit der Trennung zur Nebelkrähe, die westliche zur Rabenkrähe.

Nach dem Rückzug der Gletscher begegneten sich beide Rassen im Bereich der Elbe. Dort befindet sich heute eine Bastardierungszone.

Nebelkrähe (Corvus corone cornix) und Rabenkrähe (Corvus corone corone) sind demnach als Rassen unterhalb der Artschwelle einzustufen.
Sprosser und Nachtigall, Winter- und Sommergoldhähnchen, die in ähnlicher Weise aus je einer voreiszeitlichen Stammart hervorgegangen sind, vermischen sich heute im mitteleuropäischen Überlappungsgebiet *nicht* mehr. Sie sind zu echten Arten geworden.

3. *Tektonische Veränderungen bzw. Veränderungen der Höhe des Meeresspiegels* können das Verbreitungsgebiet einer Art in Areale zerlegen, die durch unüberwindliche Barrieren voneinander getrennt sind.

Teile des Festlandes können sich als Inseln bzw. Kontinente ablösen:

So ermöglichte die Ablösung Australiens vom Festlandsblock des Gondwanalandes eine unterschiedliche Weiterentwicklung der damals weit verbreiteten Beuteltiere. Während die Festlandsarten durch Konkurrenz mit den dort neu auftretenden Säugetieren ausstarben, brachten die australischen Stammgruppen der Beuteltiere viele neue Arten hervor (S. 77).

Absinkende Landbrücken können ein vielfach gegliedertes Festland in Inseln zerlegen bzw. Kontinente voneinander trennen:

Auf diese Weise entstanden z. B. aus einem ursprünglich zusammenhängenden Gebiet die Malaysischen Inseln, auf denen sich seit dem Tertiär eine ganze Reihe endemischer, d. h. nur dort vorkommender, Inselrassen (z. B. Borneo- und Sumatra-Nashorn) zum Teil bis über die Schwelle eigener Arten entwickeln konnten. Das mehrmalige Verschwinden und Wiederauftauchen einer Landbrücke zwischen Asien und Nordamerika im Bereich der heutigen Aleuten-Inseln spielte für das Auftreten der Pferdearten in Europa eine Rolle (Abb. 47.1).

Auftauchende Landbrücken können Populationen von Wasserbewohnern trennen:

Die Entstehung der mittelamerikanischen Landbrücke zwischen Stillem und Atlantischem Ozean bewirkte eine getrennte Weiterentwicklung der pazifischen und atlantischen Arten. Die nacheiszeitlichen Seen haben alle ihre ganz spezifischen Rassen von Renken (Felchen).

4. *Einzelne Individuen* werden durch Sturm, Überschwemmung oder Meeresströmungen in schwer zugängliche Gebiete verschlagen, in denen sie *Gründer* von neuen Populationen werden, die von der Stammpopulation durch geographische Barrieren getrennt sind.

Bekannte Beispiele hierfür sind die Besiedelungen von neu im Meer entstandenen vulkanischen Inseln, wie des Galapagos-Archipels oder der Hawaii-Inseln, die 1000 bzw. 3000 km von der nächsten Festlandküste entfernt im Stillen Ozean liegen. In der Separation von den Stammarten des Festlandes konnten sich hier zahlreiche endemische Arten bilden (S. 77).

Bei den besprochenen Beispielen geographischer Isolation werden Populationen durch geographische Barrieren in kleinere Teilpopulationen aufgeteilt, in denen sich unterschiedliche Zufalls- und Anpassungsmerkmale leichter durchsetzen und anhäufen können. Insofern stellt geographische Isolation eine wesentliche Voraussetzung für die Artbildung dar. Sie muß allerdings nicht zwangsläufig zur Bildung neuer Arten führen. So lebt beispielsweise die europäische Elster seit Jahrhunderttausenden von der amerikanischen Rasse getrennt, ohne daß sich eine *biologische Fortpflanzungsschranke* aufgebaut hätte.

Aufgabe

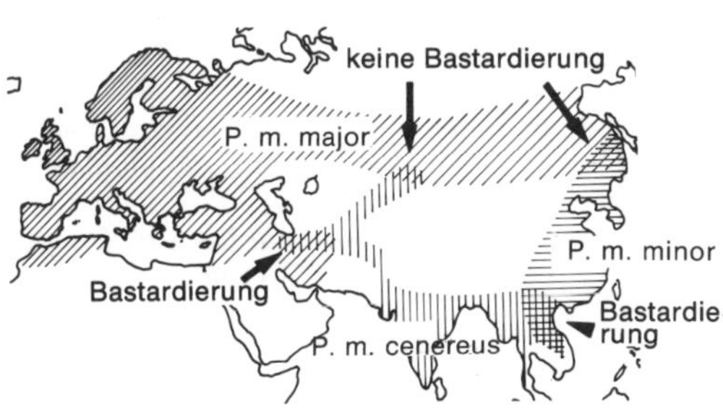

a) Beschreiben Sie die Verbreitungsgebiete der drei Rassengruppen der Kohlmeise mit Hilfe einer Karte.

b) Erörtern Sie mögliche Ursachen, die dazu geführt haben könnten, daß sich zwischen einigen Rassen Bastarde bilden, zwischen anderen nicht.

Abb. 69.1. Verbreitungsgebiete der drei Rassengruppen der Kohlmeise

6.4 Ökologische Isolation

Neben der geographischen Isolation kann die sog. *„ökologische Isolation“* zur Aufspaltung von Fortpflanzungsgemeinschaften führen. Ökologische Isolation entsteht durch die Besetzung verschiedener „Planstellen“ in einem Lebensraum durch die verschiedenen Populationen einer Stammart. Dieses Prinzip der Artaufspaltung und -neubildung wurde von Darwin im wesentlichen aus der Beobachtung der nach ihm benannten Darwinfinken erschlossen: Diese kommen allein auf den Galapagosinseln vor und besetzen ganz unterschiedliche Nahrungsnischen. Offensichtlich gehen alle auf die Gründerindividuen einer körnerfressenden Stammart zurück, die vor etwa 10 Millionen Jahren vom südamerikanischen Festland auf die Inseln verschlagen wurden. Ihre Weiterentwicklung stellt man sich folgendermaßen vor:

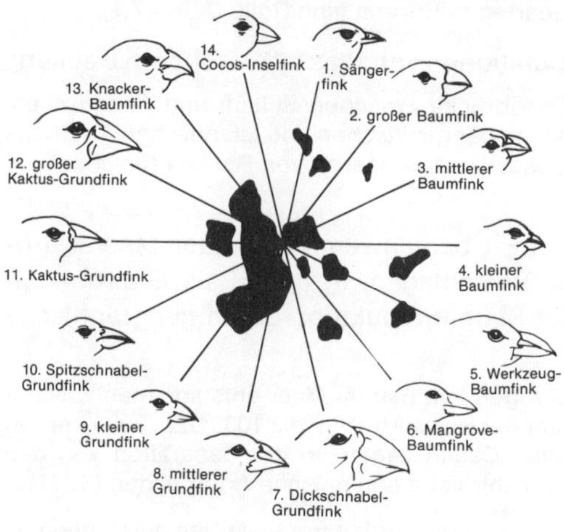

Abb. 70.1. Adaptive Radiation der Darwinfinken auf den Galapagosinseln (1: reiner Insektenfresser, 2–6: vorwiegend Insektenfresser, 7–12: vorwiegend Pflanzenfresser, 13, 14: reine Pflanzenfresser)

Die Individuen der körnerfressenden Stammart vermehrten sich, bis Nahrungskonkurrenz um leicht zu öffnende Samen die Populationsgröße begrenzte.

Varianten mit kräftigerem Schnabel, der sich auch zum Öffnen härterer und größerer Samen eignete, konnten dem Konkurrenzdruck ebenso ausweichen wie andere Varianten mit dünneren längeren Schnäbeln, mit denen sich kleinere und weichere Samen aufpicken ließen.

Jede der divergierenden Varianten hatte gegenüber dem Haupttyp einen Selektionsvorteil in solchen Gebieten, in denen hauptsächlich größere bzw. kleinere Samen vorkamen.

Durch zunehmende Einnischung der ökologischen Rassen könnte es zur Entstehung der auf verschiedene Nahrung spezialisierten 14 Arten von Grund-, Kaktus- und Baumfinken gekommen sein.

Abb. 70.2. Werkzeuggebrauch beim Spechtfinken

Selbst die ökologische Nische, die bei uns der Specht einnimmt, ist auf den Galapagosinseln von einem Finken besetzt.

Statt mit dem Schnabel stochert der Spechtfink mit einem Kaktusdorn Insektenlarven aus ihren Gängen heraus.
Dies ist ein bemerkenswertes Beispiel für Werkzeuggebrauch im Tierreich.

Die Auffächerung einer Stammart durch divergente Einnischung der Schwesternarten bezeichnet man als *adaptive Radiation* (S. 77).

Unterschiedliche Einnischung von Rassen durch Anpassung an unterschiedliche abiotische und biotische Umweltfaktoren (z. B. Farbe, Temperatur, Nahrungsangebot der Umwelt) führt allerdings nur dann zur Entstehung echter neuer Arten, wenn die Kreuzbarkeit dieser ökologischen Rassen durch zusätzliche Merkmalsveränderungen eingeschränkt bzw. unterbunden wird.

Modellversuch zur Isolation

nach Schilke, K.: Modellversuche zu den Evolutionsfaktoren. In: Unterricht Biologie 3, 57, 1976.

Aufgaben

1. Erörtern Sie mögliche Gründe, weshalb die auf die Galapagosinseln verschlagene Population der Stammfinkenart sich in eine Reihe von Arten aufgespalten hat, nicht aber die auf dem Festland zurückgebliebene Population.
2. Wie erklären Sie sich den Befund, daß die Vertreter zweier nächstverwandter Galapagosfinkenarten sich stärker voneinander unterscheiden, wenn sie auf ein und derselben Insel vorkommen als dann, wenn sie verschiedene Inseln bewohnen.
3. Die verschiedenen Populationen von Landleguanen, die auf den einzelnen Galapagosinseln in sehr ähnlichen Biotopen leben, zeigen starke Unterschiede in Färbung und Musterung, ohne daß man darin einen Anpassungswert erkennen könnte. Erörtern Sie die wahrscheinlichsten Ursachen für diese Unterschiede.
4. Auf den Hawaii-Inseln, deren nördliche vor etwa 40 Millionen Jahren, deren südlichste vor knapp einer Million Jahren durch Vulkantätigkeit aus dem Meer auftauchten, kennt man heute ca. 300 endemische Arten von Landschnecken einer einzigen Gattung. Erörtern Sie Ursachen, die zu dieser enormen Artaufspaltung geführt haben können.
5. Wie läßt sich erklären, daß manche Tierarten, wie z. B. Eisbären, Polarfüchse und Tiefseefische, nicht in Rassen aufgespalten sind?

6.5 Mechanismen der reproduktiven Isolation

Zur Einschränkung des Genaustausches zwischen Rassen, deren Angehörige sich im selben Gebiet begegnen können, kommt es, wenn Rassenbastarde einen Selektionsnachteil haben. Dieser kann, wie bereits auf S. 55 erörtert, darin bestehen, daß

- die Bastarde z. B. infolge schlechterer Einpassung in die eine und in die andere Nische der beiden Rassen eine geringere Überlebenschance haben als die „Reinrassigen",
- die Bastarde aus inneren genetisch-physiologischen Gründen weniger fertil sind,
- die Bastarde eine geringere Chance haben, überhaupt einen Geschlechtspartner zu finden.

Jede dieser Möglichkeiten bewirkt, daß die Gene von Individuen, die sich „versehentlich" mit einem Partner der anderen Rasse paaren, seltener in die Genpools beider Rassen gelangen. Andererseits genießen Partner, die sich „richtig" wählen, einen Selektionsvorteil. Ihre Gene gelangen bevorzugt in die nächste Generation. Dadurch wird ein sich selbst verstärkender Prozeß in Gang gesetzt, der schließlich dazu führt, daß überhaupt keine Bastardbildung mehr stattfindet. Schrittmacher auf diesem Weg zur *„reproduktiven Isolation"* sind häufig kleine Unterschiede in Körperbau und Verhalten, die das *Balz- und Paarungsverhalten* betreffen.

Mechanische Isolation

Unterschiede im Bau der Begattungsorgane können eine erfolgreiche Spermienübertragung verhindern. Bei Insekten, Spinnen und Tausendfüßern, bei denen die kompliziert gebauten Begattungsorgane wie Schlüssel und Schloß zusammenpassen, hat diese sog. mechanische Isolation sicher eine Rolle bei der Artbildung gespielt.

Ethologische Isolation

Unterschiede im Balzverhalten verhindern, daß es bei Begegnungen fortpflanzungsbereiter Vertreter verschiedener Rassen bzw. Arten überhaupt noch zu Paarungsversuchen kommt. Diese sog. *„ethologische Isolation"* ist eine wichtige Funktion der Balz. Dabei selektieren jeweils die Empfänger der Signale diejenigen Individuen positiv aus, welche die eindeutigeren Signale hervorbringen.

Bei arktischen Möwenarten dienen z. B. die Farben der Iris und des Hautringes um die Augen als Unterscheidungssignale während der Balz. Ändert man sie durch farbige Haftschalen und Bemalung, so kommt es zu „Fehlpaarungen", die natürlicherweise nicht mehr vorkommen. Die beiden außerordentlich ähnlich aussehenden Arten des Sand- und Flußregenpfeifers, die in Nord-Europa mitunter auf denselben Kiesbänken leben, unterscheiden sich in Einzelheiten des Balzrituals, was Fehlpaarungen verhindert.

Bei Singvögeln, Fröschen, Grillen, Heuschrecken usw. dienen die unterschiedlichen Balzgesänge, bei Nachtschmetterlingen spezifische Sexuallockstoffe als Kennsignale zur Wahl der „richtigen" Partner. Weitere Beispiele für optische, mechanische, akustische und olfaktorische Balz- und Artsignale sind in den Lehrbüchern der Verhaltensbiologie beschrieben.

Zeitliche Isolation

Unterschiede in der Fortpflanzungszeit bewirken, daß sich fortpflanzungsbereite Individuen nah verwandter Rassen bzw. Arten gar nicht mehr begegnen: Sie sind durch die sog. *„zeitliche Isolation"* reproduktiv isoliert.

Die Herings- und Silbermöwen, deren Verbreitungsgebiete sich heute in Westeuropa überlappen, haben sich dort auch ökologisch verschieden eingenischt und zeigen sowohl Unterschiede in Aussehen und Balzverhalten als auch in der Fortpflanzungszeit: Die Heringsmöwe nistet an der Küste und überwintert dort. Die Silbermöwe brütet dagegen im Binnenland und zieht im Winter fort. Zudem paart sie sich und brütet drei Wochen eher als die Heringsmöwe. Durch diese ökologische und zeitliche Isolation wird eine Paarung der beiden Formen in der Natur vermieden. Unter experimentellen Bedingungen in Gefangenschaft lassen sie sich jedoch ohne weiteres kreuzen.

Nächstverwandte Pflanzen können entsprechend durch unterschiedliche Blühzeiten voneinander isoliert sein: Auf diese Weise ist z. B. der früh im Jahr blühende rote Hollunder (Sambucus racemosa) vom später blühenden schwarzen Hollunder (Sambucus niger) in der Natur reproduktiv isoliert. Bringt man beide experimentell gleichzeitig zum Blühen, lassen sie sich kreuzen.

Die Frage, ob man solche Arten, die experimentell noch kreuzbar sind, den „Artstatus" absprechen muß, ist eine Definitionsfrage. Sie wird meist verneint, da im Rahmen der Evolution die Artschwelle erreicht ist, sobald natürlicherweise durch die bisher besprochenen Mechanismen der reproduktiven Isolation ein Genaustausch zwischen den Arten unterbunden ist.

Genetisch-physiologische Isolation

Artkreuzungen, die vom Menschen durchgeführt werden, zeigen unterschiedliche Ergebnisse, die man auf unterschiedliche Grade der sog. genetisch-physiologischen Isolation zurückführen kann:

Die Kreuzungen zwischen Silber- und Heringsmöwe liefert noch lebensfähige und fertile Bastarde. Kreuzungen zwischen Pferd und Esel ergeben zwar noch lebensfähige Bastarde (Maulesel bzw. Maultier), die jedoch steril sind. Die Bastardembryonen aus der Kreuzung von Ziege und Hammel sterben noch vor dem Ende der Tragzeit ab, die Zygoten aus der Kreuzung von Hase und Kaninchen bereits kurz nach der Befruchtung.

Zunehmende genetisch-physiologische Unverträglichkeit ist auf zunehmende Unterschiede im Genschatz von zwei Arten zurückzuführen. Diese können sich sowohl im Laufe langer geographischer Separation als auch im Schutz von mechanischer, ethologischer oder zeitlicher Isolation, vor allem durch die Wirkung von Mutation und Selektion, bilden und vergrößern.

Genetisch-chromosomale Isolation

Besonders bei Pflanzen spielt noch ein anderer Isolationsmechanismus eine Rolle: Durch die Genommutation der *Polyploidisierung* bei einem einzigen Individuum werden so große genetische Unterschiede geschaffen, daß die Mutante reproduktiv von der restlichen Population getrennt ist und zum Ausgangspunkt einer neuen Art werden kann.

Ausfall der Reduktionsteilung führt zu diploiden Keimzellen. Bei Selbstbefruchtung entstehen tetraploide, fertile Nachkommen. Diese sind genetisch von Individuen der diploiden Ausgangspopulation isoliert. Triploide Bastarde zwischen beiden sind nämlich wegen der Unmöglichkeit, je drei homologe Chromosomen bei der Reduktionsteilung gleichmäßig auf 2 Zellen zu verteilen, stets steril.

Polyploide Pflanzen sind häufig vitaler als die diploiden Ausgangsformen, so daß sie auch extremere Standorte besiedeln können. So erklärt sich z. B. die Zunahme ihres Anteils an der Flora von der gemäßigten Zone bis zum Polargebiet. So sind in Algerien 38%, in Mitteleuropa 50%, in Schweden 57%, auf Island 66%, auf Spitzbergen 76% aller vorkommenden Pflanzenarten polyploid.

Kommt es zwischen nahe verwandten Arten mit unterschiedlichen diploiden Chromosomensätzen AA und BB zur Bastardierung, so sind die diploiden Bastarde in der Regel auch steril, weil die beiden Chromosomensätze nicht homolog sind. Findet bei diesen Bastarden jetzt in den Urkeimzellen Polyploidisierung zum Genom AABB statt, so ist wieder eine normale Meiose möglich, weil jeder Chromosomensatz doppelt vorhanden ist. Die Pflanze ist fertil und gleichzeitig von den Ausgangspopulationen genetisch isoliert, weil die Bastarde beider wieder steril sind. Auf diese Weise sind z. B. die verschiedenen Weizenarten entstanden (vgl. Lb. der Genetik).

Aufgaben

1. Nach dem *biologischen Artbegriff* sind Arten Gruppen von Populationen, die eine natürliche Fortpflanzungsgemeinschaft bilden und von anderen Populationen reproduktiv isoliert sind. Diskutieren Sie die Problematik des biologischen Artbegriffs anhand der Beispiele des Kapitels.
2. Erläutern Sie die in Abb. 74.1 dargestellten charakteristischen Phasen der Artaufspaltung und Bildung neuer Arten im Laufe der Zeit (1–6). Berücksichtigen Sie dabei die unterschiedlichen Weisen der Artbildung für die neuen Arten B, C und D.

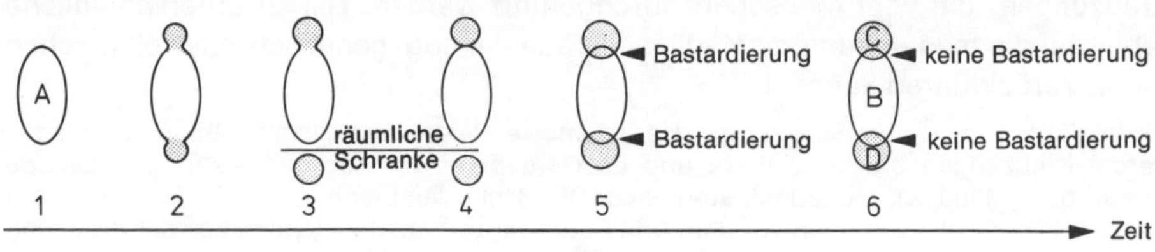

Abb. 74.1. Phasen der Artbildung

3. Erläutern Sie die in Abb. 74.2 dargestellte besondere Weise der Artbildung im Vergleich zu Abb. 74.1.

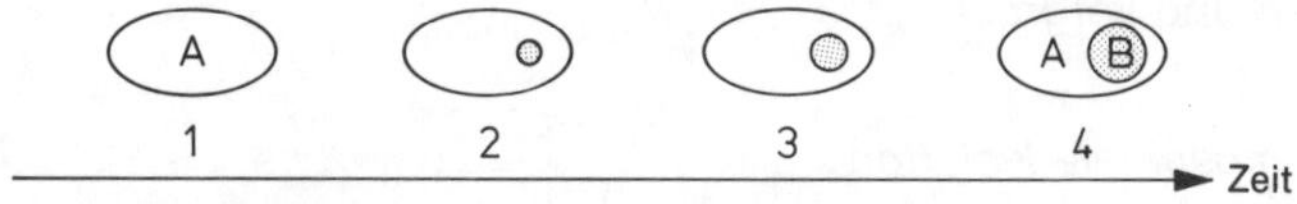

Abb. 74.2. Phasen der Artbildung

Modellversuche zur Artbildung

1. nach Knodel, H., Bäßler, U., und A. Haury: Biologie-Praktikum. Nr. 85, 86. Stuttgart: Metzler 1973.
2. Winterstetter, P.: Modellaufgabe zur Evolution. In: Akademiebericht Nr. 33, Biologie in der Kollegstufe, Evolution. Akad. für Lehrerfortbildung, Dillingen: 1979.

7 Transspezifische Evolution

Die bisher beschriebenen Befunde und Vorstellungen über die Rassen- und Artbildung machten verständlich, wie es zur Aufspaltung einer Stammart in Schwesterarten kommen kann, die sich in ihren Merkmalen nicht allzusehr unterscheiden. Man spricht in diesem Zusammenhang deshalb von Mikroevolution oder infraspezifischer Evolution (= Evolution bis zur Artschwelle). Die Betrachtung der Typenvielfalt auf den höheren systematischen Ebenen der Gattungen, Familien, Ordnungen, Klassen und Stämme von Pflanzen und Tieren führt zu der Frage, wie es wohl zur Entstehung der Großgruppen mit den so wesentlich verschiedenen Bauplänen gekommen sein mag.

7.1 Additive Typogenese

Als Ursachen für diese sog. *„transspezifische Evolution"* oder *„Typogenese"* hat man einige Zeit sog. „Makromutationen" postuliert, für die es jedoch keinerlei Beweise gibt. Funde fossiler „Brückentiere", die mosaikartig Merkmale auch größerer systematischer Gruppen in sich vereinen (S. 45), weisen vielmehr darauf hin, daß auch die verschiedenen Großgruppen durch die Prozesse der Artbildung, d. h. durch „Klein"-Mutationen, Rekombination, Gendrift, Selektion und Isolation, sowie *Addition* der dadurch bewirkten zahlreichen kleinen Veränderungen aus gemeinsamen Stammgruppen hervorgegangen sind.
Diese Vorstellung über die Entstehung der Großgruppen bezeichnet man als *additive Typogenese.* Zwei Gesichtspunkte spielen dabei eine wichtige Rolle:

1. Der Zeitfaktor

Die Entstehung der verschiedenen Taubenrassen aus der Felsentaube durch die rasch wirkende künstliche Auslese hat sich in rund 300 Jahren vollzogen. Die Mehrzahl der heute lebenden Arten ist im Laufe von einer Million bis einigen Zehnmillionen Jahren aus Stammarten der Tertiärzeit hervorgegangen. Zur Entfaltung der Familien und der Ordnungen der Beuteltiere Australiens standen bereits mehr als 20 Millionen Jahre zur Verfügung, zur Bildung der Säugetierklassen vielleicht 60 Millionen Jahre und für die Aufspaltung und eigenständige Entwicklung der verschiedenen Tierstämme 2–3 Milliarden Jahre. Nur angesichts dieser gewaltigen Zeiträume lassen sich die tiefgreifenden Unterschiede zwischen den heutigen Großgruppen als Additionsergebnis kleinster Veränderungen interpretieren.

2. Besiedlung neuer ökologischer Zonen

Wenn Varianten einer Art in einen neuen Lebensraum vordringen, der in hohem Ausmaß neue Selektionsbedingungen bietet, wie z. B. das Land für ursprüngliche Wasserbewohner oder der Luftraum für ursprüngliche Landbewohner, oder wenn sich infolge tiefgreifender Klimaänderungen zahlreiche Umweltbedingungen in großem Ausmaß verändern, dann stellen diese Situationen einen besonderen Druck für die Evolution neuer Typen dar (Abb. 42, 43). So haben sich im Silur aus tangähnlichen Ahnen durch schrittweise Anpassungen an das Landleben die Psilophyten als erste Landpflanzen entwickelt. Aus den süßwasserbewohnenden Quastenflossern sind in der Devonzeit, wohl in Zusammenhang mit periodischen Trockenzeiten, in denen es weiträumig zur Umwandlung von Seen in Sumpfgebiete kam, durch viele kleine Anpassungsschritte die Uramphibien entstanden. Ein weiterer tiefgreifender Wandel hat sich bei der Besiedlung von Trockenräumen durch Pflanzen (Samenpflanzen) und Tiere (z. B. Urreptilien) vollzogen. Anpassungen an die Bedingungen des Luftraumes haben sich bei den Insekten bereits in Karbon und später unabhängig bei den Flugsauriern, den Vögeln und den Fledermäusen in analoger Weise entwikkelt.

Vorschlag für ein Referat

„Anpassung" nach R. Lewontin in: Spektrum der Wissenschaft, 6, 100, 1979.

Aufgaben

1. Aus welchen Gründen halten Sie es für prinzipiell unwahrscheinlich, daß die Evolution neuer Großgruppen jeweils durch eine „Makromutation" eingeleitet worden sein sollte?

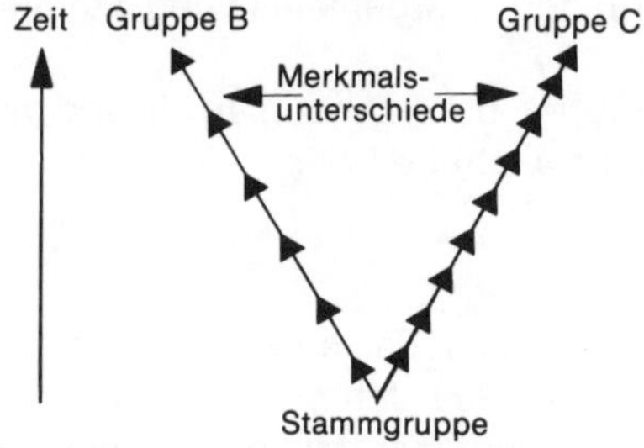

Abb. 76.1. Evolutionsschema

2. Begründen Sie, unter welchen Voraussetzungen Sie für „Gruppe" in der nebenstehenden Abbildung, Rasse, Art, Gattung, Familie, Ordnung, Klasse oder Stamm setzen können.

   Inwiefern kann der Begriff „additive Typogenese" letztlich auf jede dieser Ebenen angewendet werden?

3. Welche Merkmale der heutigen Reptilien waren Voraussetzung für die Eroberung des trockenen Landes durch die amphibienähnlichen Ahnen der Reptilien?
4. Die ersten Landpflanzen waren Nacktfarne. Welche zur Eroberung des Landes wichtigen Merkmale lassen sich an den heutigen Farnen noch nachweisen?
5. Erörtern Sie die Bedeutung der Entwicklung der Warmblütigkeit bei der Entstehung der Urvögel und Ursäugetiere aus Stammreptilien für die weitere Entwicklung der Vögel und Säugetiere.

7.2 Adaptive Radiation

Jedesmal, wenn durch tiefgreifende Artumwandlung, durch additive Typogenese, ein neuer Typ entstanden war, der den Grundbedingungen der neuen Zone gerecht wurde, setzte mit der Besiedelung verschiedener ökologischer Nischen innerhalb der neuen Zone eine divergente Artaufspaltung, eine *adaptive Radiation*, ein, die in kurzer Zeit zur Auffächerung in eine Formenvielfalt auf der Stufe des neuen Typs führte.

Abb. 77.1. Adaptive Radiation der Kleidervögel Hawaiis

Abb. 77.2. Adaptive Radiation der australischen Beuteltiere

Am Beispiel der Darwinfinken wurde das Prinzip der adaptiven Radiation bereits erörtert (S. 70). Die Aufspaltung der Finkenstammart führte zur Einnischung von 14 Arten, die man in drei Gattungen zusammenfassen kann.

Auch die Hawaii-Inseln wurden ursprünglich wohl von einer einzigen Finkenstammart besiedelt. Diese hat sich auf den verschiedenen Inseln und in den verschiedenen Biotopen während eines längeren Zeitraumes als auf Galapagos bereits zu einer eigenen Familie (der Kleidervögel) mit 9 Gattungen und 22 Arten entwickelt, unter denen die nektarsaugenden Arten mit ihren langen, gekrümmten Schnäbeln besonders auffallen.
Adaptive Radiation bis zur Stufe von drei verschiedenen Ordnungen hat sich in der Unterklasse der Beutel-Säugetiere in Australien seit dem Ende des Erdmittelalters vollzogen (Abb. 77.2.).

Die aus Stammreptilien über die Stufe der Kloakentiere durch additive Typogenese hervorgegangenen Urbeuteltiere haben sich in den verschiedensten Biotopen dieses Kontinents ohne Konkurrenz durch höhere Säugetiere zu den verschiedenen Typen wie Känguruhs (Grasfresser), Koalas (Eukalyptuslaubfresser), Beutel„wölfe", Beutel„marder" (Raubtiere), Beutel„maulwürfe" etc. entwickelt.

Im Bereich des übrigen Festlandes sind dagegen aus unspezialisierten Urbeuteltieren durch additive Typogenese die ersten höheren plazentalen Säugetiere entstanden und haben die Beuteltiere verdrängt.

Bemerkenswert ist, daß sich durch adaptive Radiation unter den plazentalen Säugern ähnliche Typen gebildet haben wie unter den Beuteltieren, die auch vergleichbare Nischen besetzen. Man spricht in diesem Zusammenhang von *Stellenäquivalenz.*

Die Aussage, daß sich die heutigen Lebewesen im Laufe der Erdgeschichte aus einfacher organisierten Ahnenformen entwickelt haben, steht heute durch die Fülle an verschiedenartigen Belegen außer Zweifel.
In vielen Fällen kann auch bereits mit hoher Sicherheit der stammesgeschichtliche Weg nachgezeichnet werden, auf dem sich die Entwicklung bestimmter Gruppen von Lebewesen vollzogen haben wird.
Ob allerdings die bisher entwickelten Vorstellungen und Konzepte der Evolutionstheorie über die Ursachen der Evolution eine hinreichende Erklärungsgrundlage für die stammesgeschichtliche Entwicklung der Lebewesen abgeben, darüber sind die Meinungen auch unter den Fachwissenschaftlern geteilt.

Aufgaben

1. Die Abb. 78.1 zeigt vier Saurierarten und vier Arten plazentaler Säugetiere.

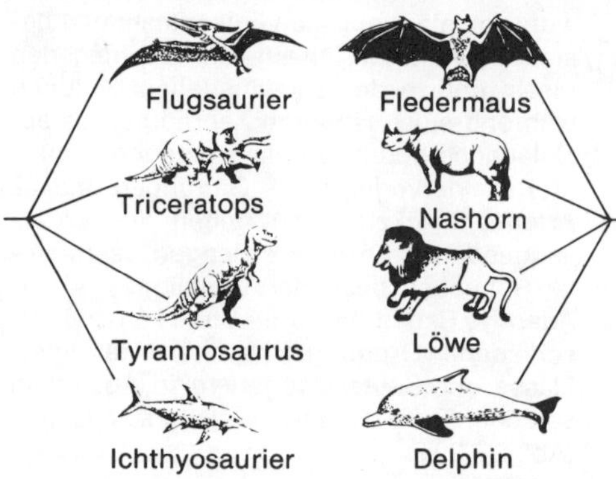

Abb. 78.1. Formenvergleich: Saurier-Säugetiere

a) Stellen Sie Gruppenmerkmale der Saurier denen der plazentalen Säugetiere gegenüber.
b) Erläutern Sie, wie es zu den Ähnlichkeiten im Körperbau der einander gegenüberstehenden Formen gekommen sein kann.
c) Welche Merkmale der gegenüberstehenden Formen betrachten Sie als homolog, welche als analog (Kap. 3)?
d) Geben Sie mögliche Gründe an, warum die dargestellten Saurierarten ausgestorben sind.

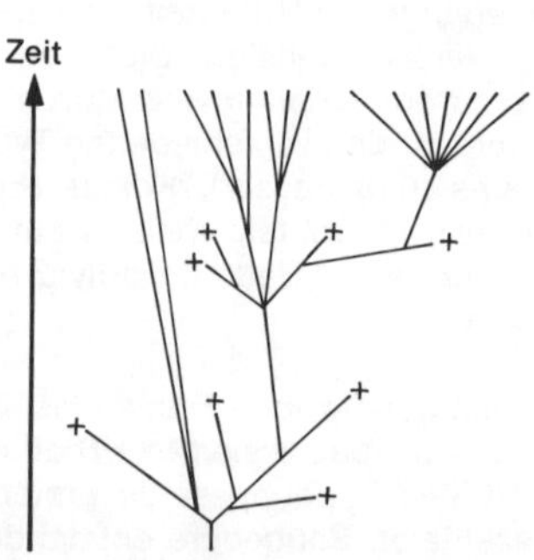

Abb. 78.2. Ausschnitt aus einem Stammbaumschema

2. a) Beschreiben Sie die Vorstellungen über den Ablauf der transspezifischen Evolution anhand des nebenstehenden Ausschnitts aus einem Stammbaumschema.
b) Legen Sie Ihrer Interpretation die Annahme zugrunde, der Stammbaum veranschauliche die Entwicklung der Kloakentiere, der Beuteltiere und der plazentalen Säugetiere.

8 Stammesgeschichtliche Entwicklung des Menschen

Wir haben allen Grund anzunehmen, daß die Naturgesetze, denen alle anderen Lebewesen unterworfen sind, uneingeschränkt auch für den Menschen gelten. Logischerweise gilt dies auch für die Gesetzmäßigkeiten der evolutiven Entwicklung. Dementsprechend stützen sich auch die naturwissenschaftlichen Aussagen über die stammesgeschichtliche Herkunft des Menschen auf den Vergleich seiner Merkmale mit denen heutiger und fossiler Lebewesen.

8.1 Stellung des Menschen im Natürlichen System

Wie alle eukaryonten Lebewesen ist der Mensch aus Zellen aufgebaut. Auch bei ihm erfolgt die Steuerung des Zellstoffwechsels durch die DNS über die Proteinbiosynthese. Das knöcherne Innenskelett weist ihm einen Platz im Stamm der *Wirbeltiere* zu; nach Geburt, Säuglingsstadium und weiteren Merkmalen gehört er in die Klasse der *Säugetiere.*

Innerhalb der Säugetiere zeichnen sich die *Affen* durch eine einzigartige Kombination von Besonderheiten aus, die auch sämtlich für den Menschen zutreffen:

- nach vorne gerichtete Augen, die ein räumliches Sehen ermöglichen,
- Hände und Füße, die zum Greifen geeignet sind,
- ein Großhirn, in dem motorische und Sehzentren besonders stark entwickelt sind,
- nur zwei Brustwarzen, verbunden mit einer geringen Nachkommenzahl usw.

Wegen dieser Übereinstimmung hatte bereits C. v. Linné Affen und Menschen in einer eigenen Ordnung zusammengefaßt, die er *Primaten* (die „Ersten, Höchsten") nannte. Da Linné diese Ähnlichkeiten nicht auf Stammesverwandtschaft zurückführte, ergab sich für ihn und seine Zeitgenossen noch kein Widerspruch zum wörtlichen Schöpfungsbericht, wie später für Darwin und andere.

Für die nähere Bestimmung der Verwandtschaftsbeziehungen des Menschen können die Primaten weiter untergliedert werden:

Abb. 79.1. Spitzhörnchen

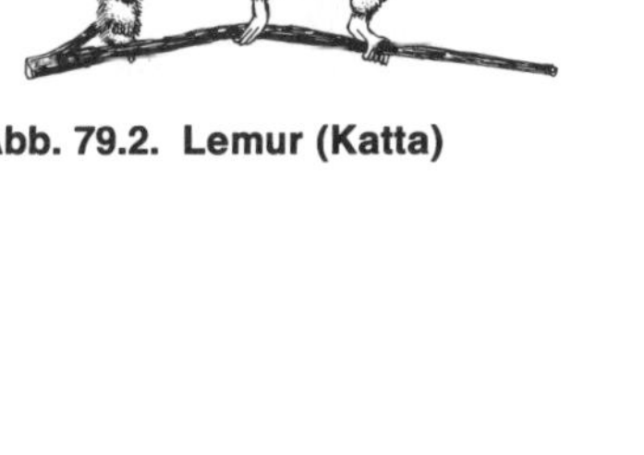

Abb. 79.2. Lemur (Katta)

Primaten, deren Augenhöhlen wie bei allen anderen Säugetieren zum Schläfenbein hin noch nicht vollständig geschlossen sind, bezeichnet man als *Halbaffen.*

Die Spitzhörnchen (Tupajas) bilden die ursprünglichste Halbaffengruppe. Sie zeigen im Gebiß, in der großen Jungenzahl (~ 5) und in ihrem hochentwickelten Geruchssinn noch deutliche Merkmale der Ordnung der Insektenfresser. Sie werden deshalb auch als „lebende Brückentiere" zwischen den beiden Ordnungen betrachtet. Zu den typischen Halbaffen zählen z. B. die Lemuren, Makis, Galagos usw.

Abb. 80.1. **Pavian**

Abb. 80.2. **Gibbon**

Unter den übrigen Primaten können nach der Dicke der Nasenscheidewand die *Breitnasenaffen* (= Neuweltaffen, wie z. B. die Klammerschwanzaffen Südamerikas) und die *Schmalnasenaffen* der „alten Welt" unterschieden werden.

Zu den letzteren zählen einerseits die sog. *Hundsaffen* wie Paviane und Meerkatzen, andererseits die sog. *Menschenähnlichen* oder *höheren Primaten* (Hominoidea). Auf Grund zahlreicher Merkmale werden in dieser Gruppe *Gibbons, Menschenaffen* (Gorilla, Orang-Utan, Schimpanse) und *Menschen* zusammengefaßt.

Abb. 80.3. Menschenaffen

Das Schema stellt die Verwandtschaftsbeziehungen innerhalb der Primaten im groben Überblick dar:

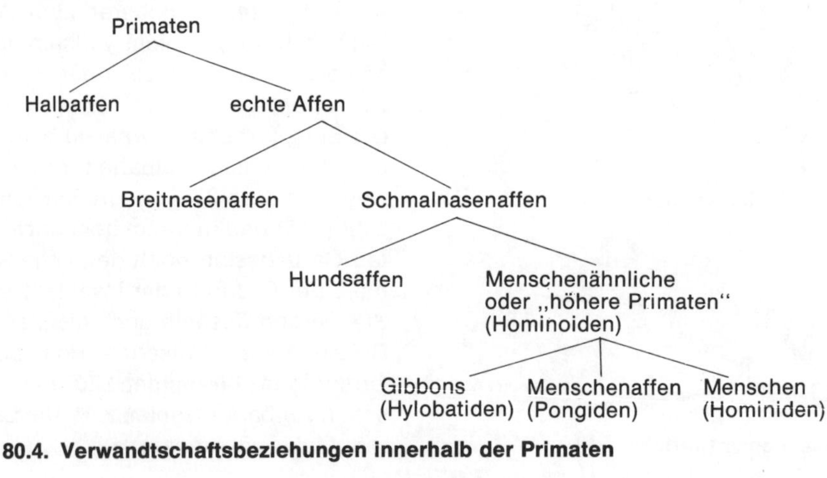

Abb. 80.4. Verwandtschaftsbeziehungen innerhalb der Primaten

8.2 Gemeinsamkeiten und Unterschiede zwischen Menschenaffen und Menschen

Unmittelbar auffällig sind Gemeinsamkeiten und Unterschiede in Körperbau und Verhalten, denen ebensolche Gemeinsamkeiten und Unterschiede in den Erbanlagen zugrundeliegen. Diese lassen sich zwar nicht direkt, wohl aber indirekt durch Chromosomenvergleich und biochemische Untersuchung der Körpereiweißstoffe nachweisen.

Chromosomen

Die Chromosomensätze von Halbaffen bestehen aus relativ vielen (~ 60), überwiegend einschenkligen Chromosomen. Demgegenüber besitzen alle drei Menschenaffenarten 48 und der Mensch 46 meist zweischenklige Chromosomen.

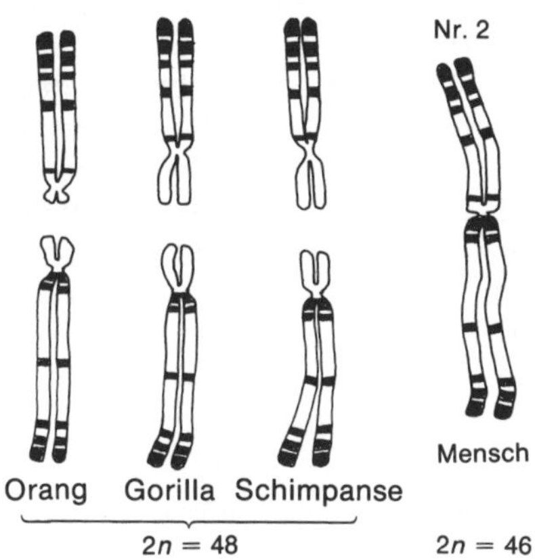

Abb. 81.1. Chromosomenhomologie

Durch spezielle Färbetechniken können innerhalb eines Chromosomensatzes die einzelnen Chromosomen an ihrem Färbungsbandenmuster identifiziert werden.

Mit Hilfe dieser Technik ist es neuerdings gelungen, die einzelnen Chromosomen von Menschenaffen und Menschen zu homologisieren. Dabei fand man, daß zwei einschenklige Chromosomen der Menschenaffen in ihrem Bandenmuster mit den beiden Schenkeln des Chromosoms Nr. 2 des Menschen übereinstimmen.

Sowohl in der Anzahl als auch in der Feinstruktur der Chromosomen bestehen demnach keine wesentlichen Unterschiede zwischen Menschenaffen und Menschen.

Blutgruppen

Das Blutserum enthält Hunderte von verschiedenen Eiweißstoffen, die direkt unter dem Einfluß der entsprechenden Anzahl von Genen gebildet werden. Durch den *Präzipitintest* (S. 34) kann man bestimmen, welcher Anteil an den Serum-Eiweißstoffen bei Menschenaffen und Mensch identisch ist. Es ergaben sich zwischen Mensch und Schimpanse 85%, zwischen Mensch und Gorilla 64% und zwischen Mensch und Orang-Utan 42% Übereinstimmung.

Aminosäuresequenzen

Der Grad an Übereinstimmung zwischen zwei bestimmten Eiweißstoffen kann an der Anzahl der übereinstimmenden Aminosäuren abgelesen werden (S. 34). Beim Vergleich der β-Ketten des Hämoglobins ergaben sich zwischen Mensch und Schimpanse völlige Übereinstimmung, zwischen Mensch und Gorilla ein einziger Austausch und zwischen Mensch und Orang-Utan drei nicht übereinstimmende Aminosäuren.

Parasiten

Einen biologischen Hinweis auf die erwähnten biochemischen Übereinstimmungen liefern normalerweise wirtsspezifische Parasiten, die sowohl beim Menschen als auch bei Menschenaffen auftreten: So kommen bei Mensch und Menschenaffen dieselben Madenwürmer vor, am Schimpansen schmarotzt eine der menschlichen Kopflaus eng verwandte Form, und die Filzlaus ist außer beim Menschen nur bei Schimpanse und Gorilla anzutreffen.

Körperbau

Den großen Übereinstimmungen zwischen Mensch und Menschenaffen auf molekularer Ebene entsprechen die Übereinstimmungen in den Bauplänen des Körpers:

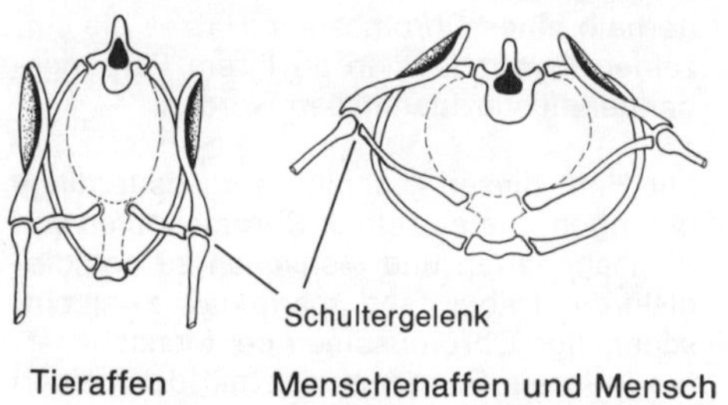

Abb. 82.1. Brustraum und Schultergürtel

Bei allen höheren Primaten ist der *Brustkorb* verbreitert und abgeflacht. Gleichzeitig sind die Schulterblätter zum Rücken hin verschoben, so daß die Schultergelenke von der Brustvorderseite an den Körperrand gekommen sind. Die Beweglichkeit der Arme gegen den Körper wird dadurch sehr viel größer, besonders auch nach oben. Damit ist eine wesentliche Voraussetzung für die Fortbewegungsweise des *Hangelkletterns* gegeben, die allen Menschenaffen gemeinsam und auch dem Menschen noch möglich ist.

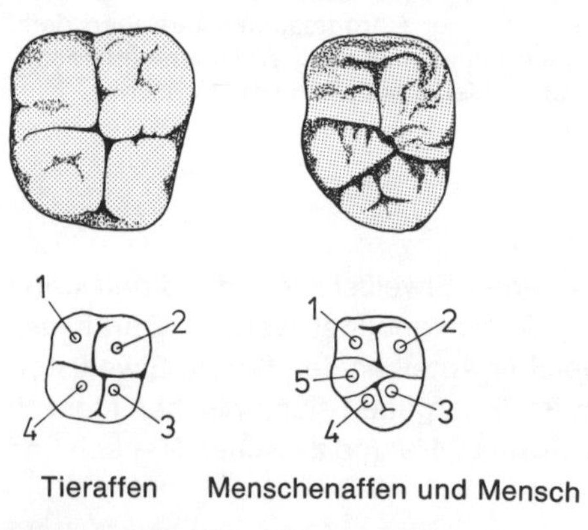

Abb. 82.2. Kronenmuster der hinteren Backenzähne

Die *Gebisse* haben alle dieselbe Zahnformel, und beim Schimpansen ist sogar die gleiche Rückbildung des letzten Backenzahns (Weisheitszahn) zu beobachten wie beim Menschen. Die Kronen der hinteren Backenzähne weisen alle ein ganz charakteristisches Muster mit fünf Höckern auf *(Dryopithecus-Muster)*, wogegen die Backenzähne der übrigen Primaten nur vier haben. (Das Vorhandensein oder Nichtvorhandensein dieses Musters ist ein wichtiges Hilfsmittel zur Einordnung fossiler Kieferfunde.)

Allen höheren Primaten fehlt ein Schwanz, die restlichen 2–4 Schwanzwirbel bilden das Steißbein.
Ganz außerordentliche Ähnlichkeiten bestehen in fast allen inneren Organen, sogar z. B. im Wurmfortsatz des Blinddarms.

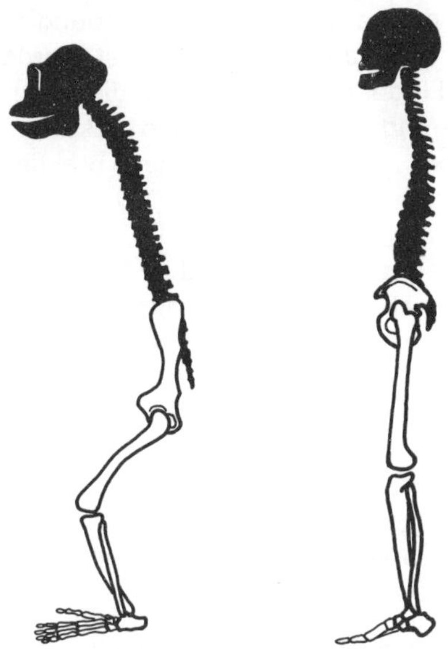

Abb. 83.1. Skelettvergleich bei der Körperaufrichtung

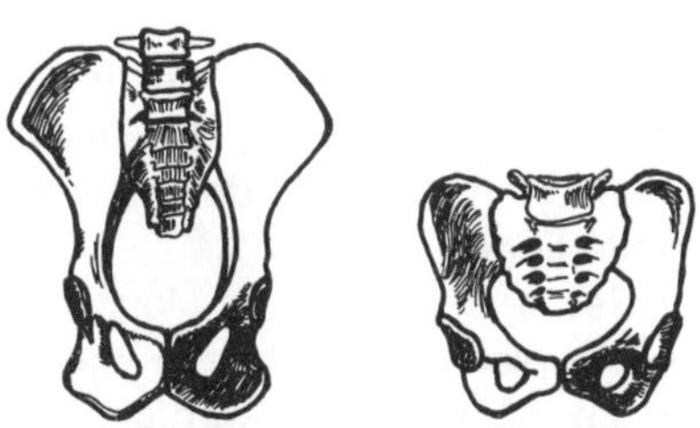

Abb. 83.2. Beckenvergleich

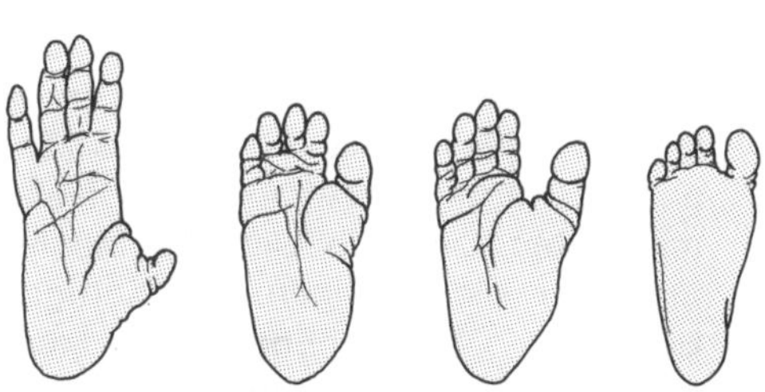

Abb. 83.3. Fußvergleich

Die anatomischen *Unterschiede* zwischen Menschen und Menschenaffen stehen in direktem Zusammenhang mit der *aufrechten Körperhaltung* und der ausschließlichen Fortbewegung des Menschen auf zwei Beinen *(Bipedie).*

Zwar laufen z. B. auch Gibbons und die Menschenaffen häufig auf zwei Beinen, doch nur unter erhöhter Anstrengung und über kurze Strecken. Eine völlige Aufrichtung ist damit in keinem Fall verbunden, weil keines dieser Tiere die Knie durchdrücken und damit die Oberschenkel senkrecht stellen kann.

Beim Menschen ist die *Wirbelsäule* am oberen Beckenrand scharf nach hinten geknickt. Eine zweite und dritte federnde Einbiegung (Lordose) befindet sich im Brust- und Halsbereich. Erst dadurch wird die völlige Aufrichtung des Oberkörpers möglich.

Das *Becken* selbst ist gegenüber dem der Menschenaffen stark verbreitert und verkürzt und bildet zusammen mit dem ebenfalls verbreiterten Kreuzbein eine tragende „Schüssel" für die Eingeweide. Die Lage der Gelenkpfannen erlaubt es, Becken und Oberschenkel und damit jetzt den gesamten Körper in die Schwerlinie zu bringen und den aufrechten Stand ohne großen Kraftaufwand auszubalancieren. Die Biegungen der Wirbelsäule wirken dabei als Federung in senkrechter Richtung.

Mit der Aufrichtung der Körperlängsachse hängen zahlreiche weitere Veränderungen eng zusammen:

Der Mensch besitzt nicht mehr den ursprünglichen *Greiffuß* mit abspreizbarer großer Zehe wie die Affen, sondern einen *Standfuß,* der das gesamte Körpergewicht zu tragen hat und keine Greiffunktionen mehr ausüben kann. Beim Gorilla, der sich mehr auf dem Boden laufend bewegt, ist eine ähnliche Umformung des Fußes bereits angedeutet.

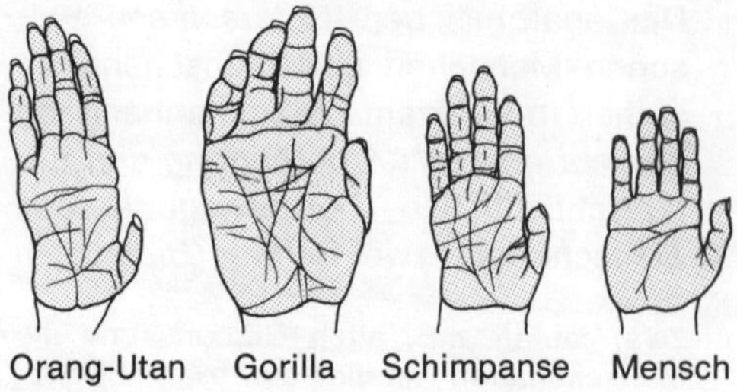

Abb. 84.1. Handvergleich

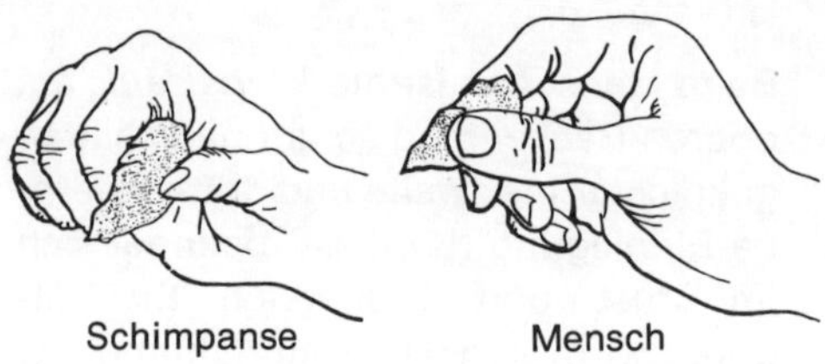

Abb. 84.2. Vergleich der Handfunktion

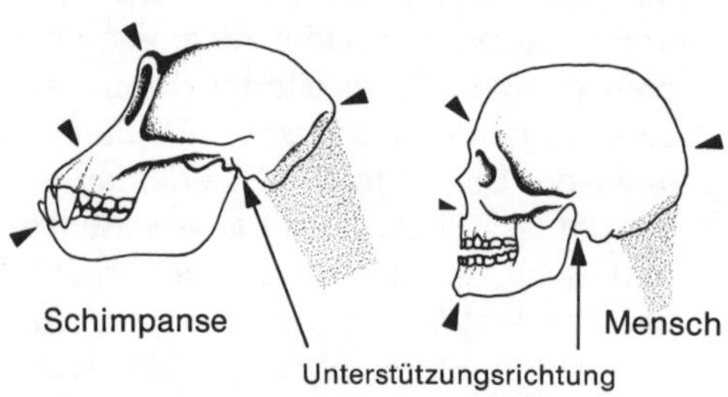

Abb. 84.3. Schädelvergleich

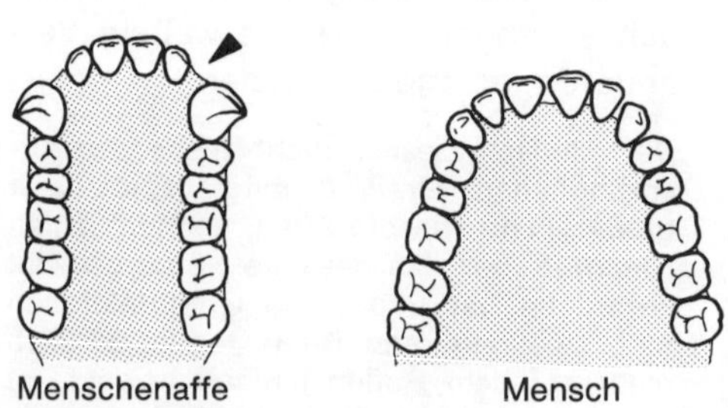

Abb. 84.4. Gebißvergleich

Bei der hangelnden Fortbewegung der Menschenaffen durchs Geäst werden die Finger geschlossen und die gesamte *Hand* zu einem Haken gekrümmt, wobei der kurze Daumen praktisch funktionslos ist *(„Affengriff“)*. Die Hand des Menschen wird nicht für die Fortbewegung benötigt und ist infolgedessen frei für andere Betätigungen. Der kräftige und relativ verlängerte Daumen kann allen anderen Fingern einzeln gegenübergestellt werden und ermöglicht so ein kräftiges und doch gefühlvolles Zugreifen im *„Präzisionsgriff“*. Dadurch sind dem Menschen, im Gegensatz zu allen anderen Primaten, exakte Manipulationen möglich.

Der *Schädel* der Menschenaffen muß anders als der des Menschen, der auf der senkrecht stehenden Wirbelsäule gleichsam ausbalanziert ruht, durch kräftige Nackenmuskeln in Position gehalten werden. Dies erkennt man sowohl an den Ansatzstellen für die Nackenmuskulatur als auch an der Lage des Hinterhauptsloches, das nur beim Menschen in der Mitte der Schädelunterseite liegt.
Der *Gesichtsschädel* der Menschenaffen unterscheidet sich von dem des Menschen durch die kräftigen Überaugenwülste, die weit vorragende Schnauze ohne Nasenvorsprung und ein fliehendes Kinn.

Die Zahnreihen stehen im *Gebiß* parallel (U-Form). Lücken zwischen den Eck- und Schneidezähnen im Oberkiefer und zwischen Eck- und Backenzähnen im Unterkiefer (Affenlücke, Diastema) bieten beim Schließen des Maules Platz für die kräftigen, dolchartigen Eckzähne. Der Zahnbogen des Menschen ist demgegenüber parabolisch ohne überragende Eckzähne und Lücken.

Wesentliche Unterschiede zeigen sich am *Gehirnschädel.* Der Mensch besitzt durch die einzigartige Entfaltung bestimmter Gehirnabschnitte, vor allem des Großhirns, ein wesentlich größeres Gehirnvolumen, wodurch die besondere Aufwölbung des Gehirnschädels mit der steilen Stirn und dem gerundeten Hinterhaupt bedingt ist.
Unter den heute lebenden Primaten hat der Mensch das höchste Gehirnschädelvolumen und damit auch das größte *Gehirngewicht* (Orang-Utan um 350 g, Gorilla um 500 g, Schimpanse um 400 g, Mensch um 1450 g). Da größere Lebewesen im allgemeinen auch größere Gehirne haben, muß ein Vergleich der Gehirngewichte stets in Relation zum Körpergewicht erfolgen. Unter diesem Aspekt erscheint der Unterschied zwischen den Gehirngrößen und -gewichten noch bedeutender.

Individualentwicklung

Die Neugeborenen der Menschen und Menschenaffen sind im Vergleich zu denen der Tieraffen sehr hilflos und werden von der Mutter getragen. Während neugeborene Menschenaffen sich selbständig am Fell der Mutter festhalten können („aktiver Tragling"), wäre dies dem menschlichen Säugling nicht möglich („passiver Tragling"). Zwar ist bei allen höheren Primaten im Vergleich zu den Tieraffen die Zeit der Jugendentwicklung stark verlängert, doch übertrifft die des Menschen alle anderen bei weitem und bietet damit reiche Möglichkeiten für Prägungs- und Lernvorgänge. Zur langen Jugendphase tritt beim Menschen eine Verlängerung der Altersphase weit über die Fortpflanzungszeit hinaus. Dies führt zu einer stärkeren Überlappung der Generationen als bei den Menschenaffen, was für die Weitergabe der vielfältigen technischen und kulturellen Traditionen von außerordentlicher Bedeutung ist.

Verhalten

Große Übereinstimmungen zwischen Menschenaffen und Menschen bestehen bei angeborenen Verhaltensweisen: Säuglinge von Menschenaffen zeigen dieselben Greifreflexe, Kletterkoordinationen und Suchautomatismen wie menschliche Säuglinge. Die fast identische Gesichtsmuskulatur ermöglicht in bestimmten Stimmungslagen (Wut, Furcht, Freude, Müdigkeit usw.) ganz ähnliche mimische Äußerungen. Bei überraschend von oben auftretenden Geräuschen ziehen alle Menschenaffen ebenso wie der Mensch den Kopf zwischen die Schultern usw.
Ganz wesentliche Unterschiede dagegen bestehen im Bereich des Lernverhaltens und der höheren Verstandesleistungen (vgl. Lb. der Verhaltensbiologie).

Sprache

Ein bedeutendes Sondermerkmal des Menschen ist seine Sprachfähigkeit. Durch die Möglichkeit einer geordneten und exakten Kommunikation und die Entwicklung einer Symbolsprache wurde die Weitergabe von Erfahrungen auch ohne die konkrete Erfahrungssituation möglich, was die soziale und technische Entwicklung mit Sicherheit stark beschleunigte. Voraussetzung für diese Sprachfähigkeit ist neben besonderen anatomischen Gegebenheiten des Mund- und Rachenraumes das motorische Sprachzentrum im Großhirn des Menschen, das allen übrigen Primaten völlig fehlt.

8.3 Fossilgeschichte des Menschen

An einem engen stammesgeschichtlichen Zusammenhang zwischen Menschen und Menschenaffen kann aufgrund der Fülle von Homologien nicht gezweifelt werden. Die *Paläoanthropologie* versucht, anhand von Fossilien die Entwicklung beider Gruppen zurückzuverfolgen, um Aufschluß über den gemeinsamen Ursprung und über Entstehungsgeschichte und -ursachen der spezifisch menschlichen Eigenschaften zu erhalten.

Eine große Zahl fossiler Funde gibt uns heute einen, wenn auch lückenhaften Überblick über die Herkunft des Menschen und seiner Vorfahren. Daß trotzdem viele wichtige Fragen noch ungeklärt bzw. nur unsicher beantwortet sind, hat mehrere Gründe:

1. Die Lebensräume der Vorfahren von Menschenaffen und Menschen, der Wald bzw. die waldfreie Steppe, sind zur Konservierung von Fossilien höchst ungeeignet, weil kaum Möglichkeiten des luftdichten Einschlusses bestehen (S. 37). Fossilien von Menschenaffen und Menschen, besonders solche höheren Alters (> 1 Million Jahre), sind daher vergleichsweise sehr selten. Sie liegen zudem fast immer in Form minimaler Fragmente und in schlechtem Erhaltungszustand vor.

2. Die Bestimmung des absoluten Alters einiger wichtiger Fundstücke (z. B. der südafrikanischen Frühmenschen, S. 92) ist unsicher, weil deren Alter in den ungenauen Randbereichen der Erfassungszeiträume der Bestimmungsmethoden liegt und andere Methoden nicht angewendet werden können.

3. Die Merkmalsunterschiede zwischen den Lebewesen zweier Entwicklungslinien werden um so geringer, je näher sie dem gemeinsamen Ursprung sind. Deshalb wird die Entscheidung, ob ein Fossil der menschlichen oder der tierischen Entwicklungslinie entstammt, mit zunehmendem Alter des Fossils immer schwieriger. Dazu kommt noch die jeweilige artspezifische Variationsbreite, die eine solche Entscheidung weiter erschwert.

Die Fragen nach der Entstehung des Menschen aus tierischen Vorfahren lassen sich jedoch nicht allein aufgrund von Fossilien beantworten, weil die geistigen Fähigkeiten, die den Menschen vom Tier trennen, nicht einfach an den anatomischen Merkmalen abgelesen werden können. Die Abgrenzung zum Tier verläuft dort, wo Handlungen des Frühmenschen über das rein tierische Verhaltensrepertoire hinausgingen. Spuren dieser Handlungen sind *Werkzeuge,* die meist aus Stein und deshalb nahezu unvergänglich sind.

Im folgenden werden die Vorstellungen über die Abstammung des Menschen so dargestellt, wie sie sich im Laufe der Zeit aus den jeweiligen Fundsituationen bis zum heutigen Stand der Erkenntnis entwickelt haben. Sie werden in der Zukunft mit Sicherheit durch weitere Funde und technische Fortschritte Veränderungen erfahren.

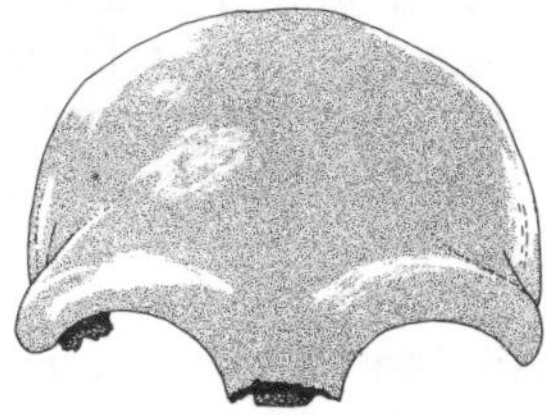

Abb. 87.1. Schädeldach des von Fuhlrott gefundenen Neandertalers

Das erste und wohl berühmteste menschliche Fossil ist das Schädeldach eines *Neandertalers,* so benannt nach seiner Fundstätte im Neandertal bei Düsseldorf (aufgefunden 1856 von J. C. Fuhlrott).

Inzwischen liegen Funde dieses frühen Menschentyps aus ganz Europa vor: aus Frankreich (La Chapelle-aux-Saints, Le Moustier, La Ferrassie), Mähren, von der Krim, aus Italien, Gibraltar, Nordspanien usw.

Vollständig erhaltene Skelette und Schädel geben uns eine gute Vorstellung vom Aussehen dieses Menschen:

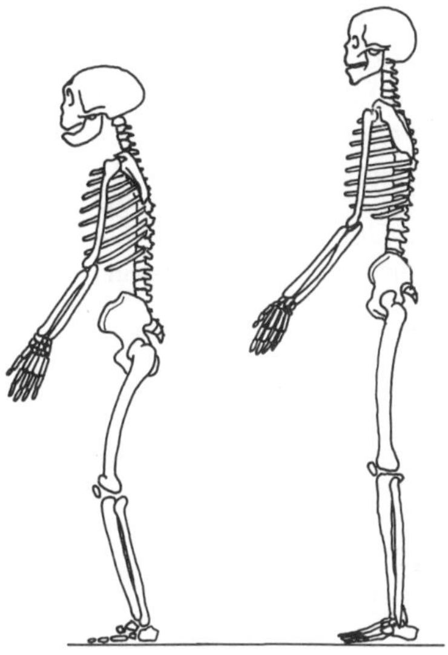

Abb. 87.2. Skelettvergleich

Demnach war der Neandertaler ein untersetzter, kräftiger Mensch von einer Durchschnittsgröße um 1,60 m, mit robusten, leicht gekrümmten Langknochen der Arme und Beine.

Der *Schädel* ist etwas massiger und langgestreckter („Brotlaibform") als der des heutigen Menschen. Auffällig sind die flache, etwas fliehende Stirn, die kräftigen Überaugenwülste und die vergrößerten Augen- und Nasenöffnungen. Dazu kommt der leicht schnauzenartig vorspringende Gesichtsschädel mit dem fliehenden Kinn. Mit einer Gehirnschädelkapazität bis 1700 cm^3 (Durchschnitt um 1500 cm^3) übertraf er sogar Werte des Jetztmenschen und galt u. a. deshalb lange Zeit als sein direkter Vorfahr.

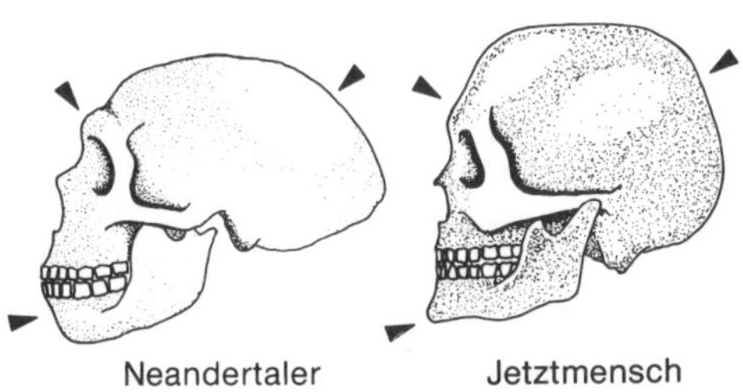

Abb. 87.3. Schädelvergleich

Frühere Rekonstruktionsversuche machten aus dem Neandertaler einen ungeschlachten, schwerfälligen und dümmlichen Affenmenschen. Man trennte ihn deshalb eine Zeitlang als eigene Art (Homo neanderthalensis) vom Jetztmenschen (Homo sapiens) ab.

Aufgrund der zahlreichen Funde an Werkzeugen und Jagdgerät, an Behausungsresten (Feuerstellen, Pfostenlöcher, Abfallhaufen) und Bestattungen macht man sich heute ein anderes Bild: Demnach war der Neandertaler ein geschickter Hersteller von Werkzeugen und ein guter Jäger, der seiner rauhen Umgebung hervorragend angepaßt war. Es ist sicher, daß er kultische Handlungen beging und deshalb auch zu Gedanken über das Dasein hinaus fähig gewesen sein muß. Er wird heute als eigene Unterart *Homo sapiens neanderthalensis* eingestuft.
Das erste Auftreten des Neandertalers fällt etwa in den Beginn der Würmeiszeit vor etwa 100 000 Jahren (Abb. 90.2). Die 60 000 Jahre, die er Europa bewohnte, lassen sich durch seine Fortschritte in der Technik der Steinbearbeitung gliedern. Nach einem bekannten Fundort solcher Steinwerkzeuge (Le Moustier in Frankreich) werden diese den verschiedenen Stufen der *Moustérien-Kultur* zugerechnet.

Die Neandertaler sind gegen Ende der letzten Eiszeit, also vor etwa 35 000–40 000 Jahren, recht plötzlich verschwunden. Gleichzeitig erschienen moderne Menschenformen, die rein anatomisch vom heutigen Homo sapiens nicht zu unterscheiden sind. Dieses unvermittelte Erscheinen des modernen Menschen macht wahrscheinlich, daß die Neandertaler einer *stammesgeschichtlichen Seitenlinie* angehören und deshalb nicht zu den unmittelbaren Vorfahren des heutigen Menschen zählen.
Ob die Neandertaler vom modernen Menschen ausgerottet oder von ihm genetisch absorbiert wurden, oder ob sie sich nicht an die veränderten Klimaverhältnisse anpassen konnten und deshalb ausstarben, ist nicht klar. Die späten Neandertaler haben höchstwahrscheinlich stellenweise, wenn auch nur für kurze Zeit, mit dem modernen Homo sapiens sapiens zusammengelebt. Dies beweisen zum einen die Datierungen von Fossilien, zum anderen die Ablagerungen an Wohnstätten, die offensichtlich ohne Unterbrechung bewohnt waren. Zudem lassen sich an einigen Steinwerkzeugen des frühen modernen Menschen auch Techniken der Steinbearbeitung nachweisen, die kennzeichnend für den Neandertaler sind.
Zur Zeit des Neandertalers in Europa lebten auch in anderen Teilen der Welt Menschen mit ähnlichen altertümlichen Merkmalen, wie Funde aus Südafrika (Rhodesien), aus Java (Ngandong), aus dem Vorderen Orient und aus China belegen.

Neandertalerähnliche Menschen werden, zusammen mit dem klassischen europäischen Neandertaler, zu den *Altmenschen (Paläanthropine, Homo-Primigenius-Gruppe)* gerechnet.

Vorschlag für ein Referat

Die Neandertaler nach Spektrum der Wissenschaft 2, 1980, Lit. [30] und [47]: Die Neandertaler.

Die Cro-Magnon-Menschen

1868 wurden bei *Les Eyzies* im Vezèretal in Südfrankreich die Skelette von zwei oder drei jungen Männern, einer Frau und einem Kind entdeckt, die alle unzweifelhaft prähistorisch waren; denn man fand bei ihnen Feuersteingeräte und die Knochen eiszeitlicher Tiere. Das Besondere daran war, daß sich diese Menschen in keiner Weise vom modernen Menschen unterschieden. Nach dem Fundort nannte man diesen Menschentyp zunächst *„Cro-Magnon-Mensch"*.

In der Folgezeit wurden besonders in Südwestfrankreich im Dordognetal, aber auch in den Pyrenäen, in Nordspanien, in Afrika und Asien zahlreiche weitere Funde gemacht, die eine weltweite Verbreitung dieser späteiszeitlichen Menschenrasse belegen.

Eine der größten Überraschungen war die Entdeckung der künstlerischen Produkte dieses Menschen, insbesondere seiner *Höhlenmalereien.* So zählen die Darstellungen in den Höhlen von *Altamira* (Nordspanien), *Lascaux, Pèche-Merle, Rouffignac* (Südwestfrankreich) und in zahlreichen weiteren Höhlen zu den beeindruckendsten Zeugnissen menschlicher Kunst.

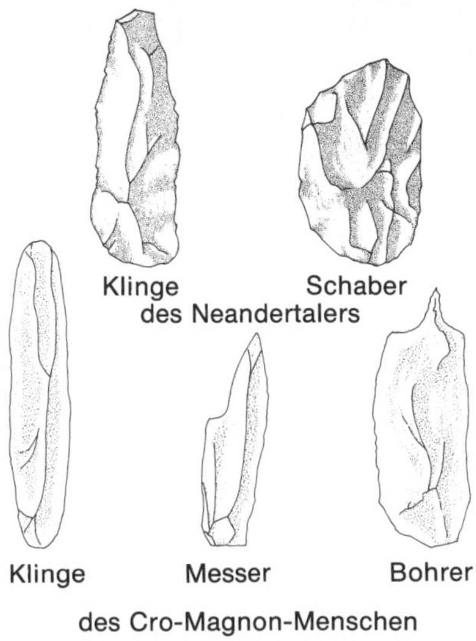

Abb. 89.1. Werkzeugvergleich

Die Steinwerkzeuge des Cro-Magnon-Menschen unterscheiden sich von denen des Neandertalers durch ihre wesentlich bessere Bearbeitung und Zweckmäßigkeit, was durch entsprechend komplizierte Techniken erreicht wurde. Man kennt Steinklingen, die so scharf sind, daß sie auf einer Seite wieder künstlich abgestumpft wurden, um sie überhaupt handhaben zu können. Es wurden ganz neue Materialien zur Geräteherstellung herangezogen und mit ganz neuen Techniken bearbeitet. Das gesamte kulturelle und technische Spektrum wurde, wie an den Funden abzulesen, sehr schnell breiter.

Von seinem ersten Auftreten vor vielleicht 40 000 Jahren an als Sammler und Jäger wurde der Cro-Magnon-Mensch innerhalb von etwa 35 000 Jahren zum seßhaften Ackerbauern und Viehhalter.

Es gibt heute keinen Zweifel daran, daß zwischen dem späteiszeitlichen Cro-Magnon-Menschen und dem heutigen Menschen keine wesentlichen biologischen Unterschiede bestehen, die eine andere verwandtschaftliche Zugehörigkeit begründen könnten. Daher werden beide zu den *Jetztmenschen* oder *Neanthropinen* zusammengefaßt.

Präneandertaler und Präsapiens-Menschen

Wenn der Neandertaler nicht der Vorfahre von Homo sapiens sapiens ist, dann müssen in der letzten Zwischeneiszeit zwei verschiedene Menschengruppen nebeneinander gelebt haben, von denen sich die eine zum Neandertaler, die andere zum modernen Menschen entwickelt hat. Beide Gruppen, die sog. *Präneandertaler* und die *Präsapiens*-Menschen, sind fossil in Europa und im Vorderen Orient gefunden worden.

Auffällig an einem Teil der *Präneandertaler-Funde* ist, daß die Schädelform noch nicht in dem Maße spezialisiert ist wie beim klassischen eiszeitlichen Neandertaler. Man bezeichnet sie deshalb auch als „gemäßigte Neandertaler".

Eine Reihe von Fossilien des Präneandertalers zeigen Spuren einer absichtlichen Beschädigung durch den damaligen Menschen selbst. So ist vielfach die Schädelbasis aufgebrochen und damit das Hinterhauptsloch erweitert, sind die großen Langknochen der Arme und Beine aufgespalten und ähnliches mehr. Ob es sich dabei um die Spuren eines rituellen Schädelkultes oder um Kannibalismus handelt, kann heute noch nicht entschieden werden.

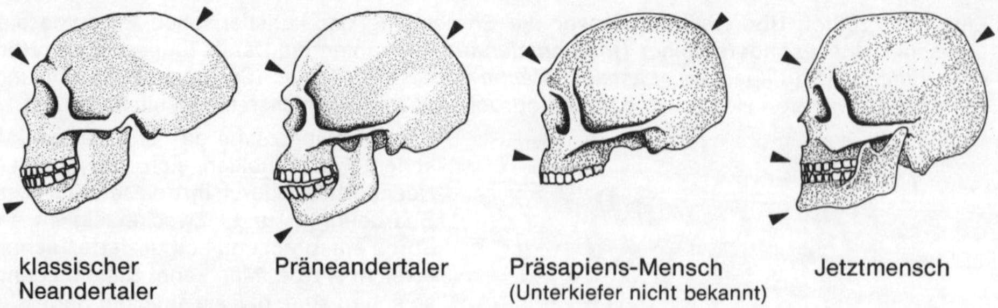

Abb. 90.1. Schädelvergleich

Die wichtigsten Fundorte von Praeneandertalern sind Krapina (Kroatien), Weimar-Ehringsdorf, Saccopastore (bei Rom) und Palästina.
Die wichtigsten *Präsapiens-Funde* liegen aus Steinheim und aus Swanscombe vor. Sie stammen aus der Rißeiszeit vor ca. 200 000 Jahren.

Wenn man die bis heute bekannten und datierten Funde in einen zeitlichen Zusammenhang bringt, so ergibt sich für den jüngsten Abschnitt der Geschichte des Menschen etwa folgendes Bild:

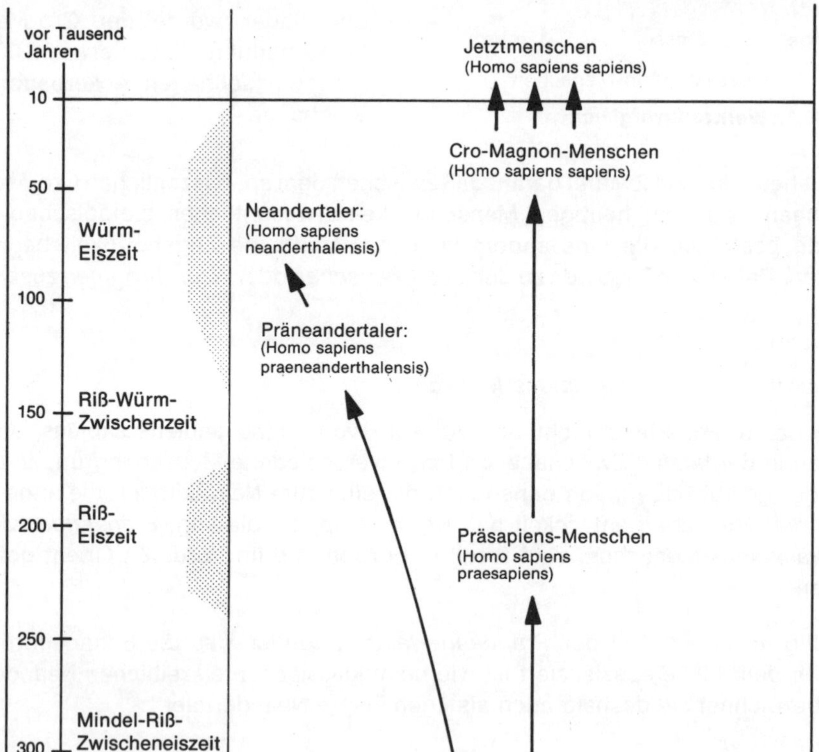

Tab. 90.2. Fossilgeschichte des Homo sapiens

Die Homo erectus-Gruppe

Die Menschheitsgeschichte in Europa läßt sich bis zu den Präsapiensformen des Mittelpleistozäns, also bis vor etwa 250 000 Jahre, zurückverfolgen. Dann bricht die Fossilkette ab. Man weiß jedoch, daß auch davor Menschen hier gewohnt haben.

Ein Beweisstück dafür ist der Unterkiefer von Mauer bei Heidelberg (S. 90) mit einem Alter von ungefähr 500 000 Jahren. In Terra Amata (bei Nizza in Südfrankreich) wurden Spuren von Wohnstätten gefunden, deren Alter ebenfalls mit ca. 500 000 Jahre angegeben wird. Die Bewohner hatten sich offenbar bereits Schutzhütten gebaut und kannten auch den Gebrauch des Feuers. Von Feuerstellen, die erst vor wenigen Jahren bei *Marseille* gefunden wurden, nimmt man sogar ein Alter um 1 Million Jahre an.

Schon 1868 hatte *Ernst Haeckel* (S. 32) prophezeit, man werde den „Urmenschen" *Pithecanthropus* in Südostasien finden (Südostasien ist das Verbreitungsgebiet der Gibbons, die Haeckel damals für die nächsten Verwandten des Menschen hielt. Daraus schloß er, daß auch der Urmensch hier beheimatet gewesen sein müßte). 1891/92 gelang es dem holländischen Arzt *Eugène Dubois,* bei Trinil im Tal des Solo-Flusses (Java) Fossilien eines menschenähnlichen Lebewesens zu heben, dem er den Haeckel'schen Namen *Pithecanthropus erectus* gab. In der Folgezeit wurden im gleichen Fundgebiet zahlreiche weitere Fossilien entdeckt, deren Alter auf teilweise über 1 Million Jahre bestimmt wurde. Die Funde beweisen, daß es sich dabei eindeutig um Angehörige der Gattung Homo, also um echte Menschen, handelt, die in verschiedenen Ausprägungen bis vor etwa 300 000 Jahren gelebt haben. Alle diese verschiedenen Formen werden heute zu der *Art Homo erectus* gezählt und als *Frühmenschen* oder *Archanthropine* bezeichnet.

Homo erectus war geographisch weit verbreitet: Spuren und auch umfangreichere Funde sind bekannt aus Afrika (Süd- und Ostafrika, Äthiopien, Algerien, Marokko), aus Java und China. Auch der Heidelberger Unterkiefer wird der Art Homo erectus zugerechnet *(Homo erectus heidelbergensis).* Die gesamte Erectus-Gruppe ist in ihren Merkmalsausprägungen uneinheitlich. Dies wird als Ergebnis der Isolierung einzelner Entwicklungslinien gedeutet.
Neben dem frühen javanischen Typus von Homo erectus spielt noch der chinesische eine besondere Rolle, dessen Überreste erstmals 1927 bei Peking gefunden wurden. Er steht äußerlich dem javanischen Typus so nahe, daß man heute beide als Unterarten bzw. Rassen der Art Homo erectus betrachtet. Der chinesische Typus (*Homo erectus pekinensis,* früher auch *Sinanthropus* oder *Pekingmensch* genannt) ist von den beiden der jüngere und auch der höher entwickelte. Seine Schädelkapazität ist höher (Mittelwert um 1000 cm^3), er hat keine Gebißlücke mehr, einen etwas höheren Hirnschädel und eine steilere Stirn. Eine Fülle von Funden beweist, daß er das Feuer gekannt und benutzt hat. Außerdem ist es wahrscheinlich, daß er Kannibale war.

Im Bau des Körperskeletts unterscheidet sich Homo erectus nicht wesentlich vom heutigen Menschen, man kann daraus mit Sicherheit auf völlig aufrechten Gang schließen. Der Schädel dagegen weist einige urtümliche Züge auf:

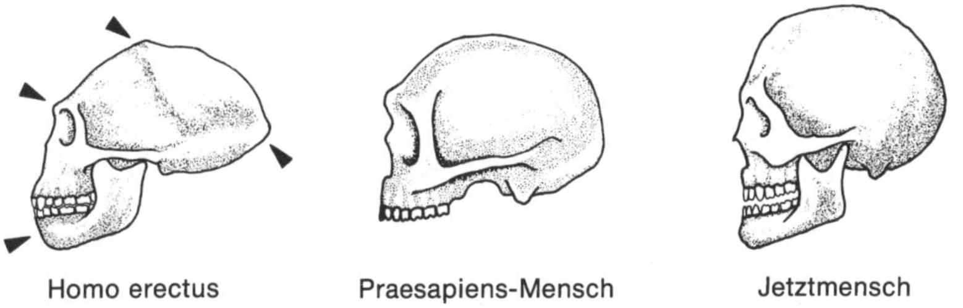

Abb. 91.1. Schädelvergleich

So besaß er einen langgestreckten, niederen Hirnschädel (Durchschnittskapazität um 900 cm^3) in charakteristischer „Zeltdachform" (größte Breite unten) mit tiefen Einschnürungen hinter den mächtigen Überaugenwülsten. Auffällig in dem vorgeschobenen Gesichtsschädel mit dem fliehenden Kinn sind die leicht vergrößerten Eckzähne und bei älteren Formen eine entsprechende Gebißlücke.

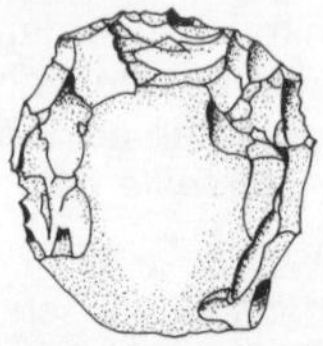

Abb. 92.1. Chopper-tool (Steinschaber) des Homo erectus pekinensis

Kennt man von den frühen Formen des Homo erectus nur sehr primitive *Geröllgeräte (Pebble-tools),* so fertigte der spätere Peking-Mensch bereits einfache *Abschlagwerkzeuge (Chopper-tools)* wie Steinschaber, Hackmesser und Hämmer aus Quarz und verarbeitete auch Horn und Knochen zu einfachen Geräten.

Unklar sind bis heute die genauen Beziehungen zwischen der Homo erectus-Gruppe und dem Homo sapiens. Funde von Homo erectus-ähnlichen Menschen aus Petralona (bei Thessaloniki), Vertesszöllös (Ungarn) und Nordspanien werden von manchen Forschern als Bindeglieder zwischen beiden Gruppen angesehen.

Die Australopithecinen und Homo habilis

Für die Art Homo erectus ist aufgrund der ältesten javanischen Funde ein Mindestalter von 1,5 Millionen Jahren anzunehmen. Der Ursprung der Gattung Homo muß demnach noch weiter zurückreichen.

1924 fand *Raymond A. Dart* in Südafrika einen kleinen, an einen Menschenaffen erinnernden Schädel *(„Kind von Taung", „Dart's Baby").* Dieser wäre wohl auch weiterhin als bisher unbekannter Menschenaffe angesehen worden, wären nicht in der Folgezeit zahlreiche weitere Funde gemacht worden (Sterkfontein, Swartkrans, Makapan). Besonders berühmt wurden die Funde aus Ostafrika, vor allem aus der Olduvai-Schlucht und dem Gebiet nördlich des Rudolfsees (heute Turkana-See). Sie alle gehören in eine bis dahin unbekannte Gruppe von Lebewesen, die überwiegend hominide, aber auch deutlich pongide Merkmale in sich vereinigt. Die Funde werden heute einer einzigen *Gattung Australopithecus* in mehreren Arten zugeordnet.

Bis 1961 bestand nur wenig Zweifel, daß die menschenähnlichste Australopithecinenart (A. africanus) der direkte Vorfahre von Homo erectus sei. Dann wurden jedoch am Turkanasee und in der Afarsenke (Äthiopien) Skelettbruchstücke und später auch teilweise erhaltene Schädel von Individuen entdeckt, die nach Meinung ihrer Entdekker (R. E. Leakey u. a.) eindeutig der Gattung Homo angehören. Für die Fundstücke dieses *Homo habilis* wird ein Alter von 2,5 bis 3 Millionen Jahre angegeben. Dies führte zu der heute mehrheitlich anerkannten Theorie, daß die direkten Vorfahren des Menschen nicht von Australopithecinen, sondern von Homo habilis abstammen. Demzufolge hat es in Afrika möglicherweise für Millionen Jahre mindestens zwei, vielleicht aber auch drei oder vier verschiedene Hominidenarten nebeneinander gegeben: Australopithecus africanus, A. robustus, evtl. A. boisei und Homo habilis. Während letzterer sich jedoch (wahrscheinlich) zum Homo erectus weiterentwickeln konnte, starben die Australopithecinen vor etwas weniger als 1 Million Jahren aus bisher unbekannten Gründen aus.

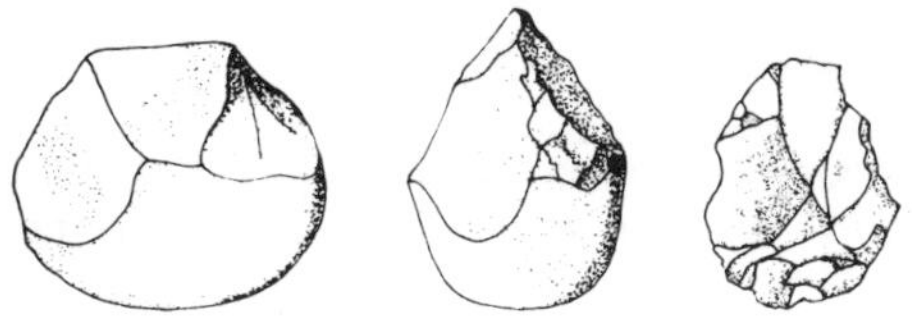

Abb. 93.1. Pebble-tools früher afrikanischer Hominiden

In der Umgebung der Fundorte von Fossilien der frühen Hominiden finden sich neben anderen Tätigkeitsspuren auch gelegentlich Anhäufungen gebrauchter und mehr oder weniger kunstvoll bearbeiteter Steine. Mit einem Alter von etwa 2 Millionen Jahren stellen roh behauene Kieselsteine, sogenannte *Pebble-tools*, aus der Umgebung von Fundstätten des Homo habilis, die ältesten bekannten Werkzeuge dar.

1974 entdeckte D. C. Johanson bei Hadar in Äthiopien die Skelettreste eines weiblichen Australopithecus, dessen Datierung ein Alter von 3,5 bis 4 Millionen Jahren ergab. Die Untersuchung des fast vollständig erhaltenen Beckengürtels und der unteren Extremitäten, insbesondere des Kniegelenks, ergab, daß *„Lucy"*, wie das Skelett vom Entdecker genannt wurde, bereits aufrecht gegangen war.

Einen weiteren Hinweis für den bereits aufrechten Gang der Hominiden dieser Zeit fand M. Leakey 1978 bei Laetoli in Tansania: In 3,5 bis 3,8 Millionen Jahre alten vulkanischen Ascheschichten haben sich die Fußabdrücke verschiedener aufrecht gehender Hominiden erhalten.

Glaubte man nun, mit *Australopithecus afarensis* („Lucy") den gemeinsamen Vorfahren der frühen Hominiden gefunden zu haben, so veränderte sich das Bild durch einen weiteren Fund abermals: 1985 fanden A. Walker und R. Leakey am Turkanasee einen Australopithecus-Schädel, der auf rund 2,5 Millionen Jahre datiert wurde und in Kinnpartie und Gebiß von ,,Lucy" abweicht. Da zur Herausbildung dieser Unterschiede mehr als 1 Million Jahre angenommen werden, muß der gemeinsame Vorfahre von beiden Formen noch älter sein als ,,Lucy".

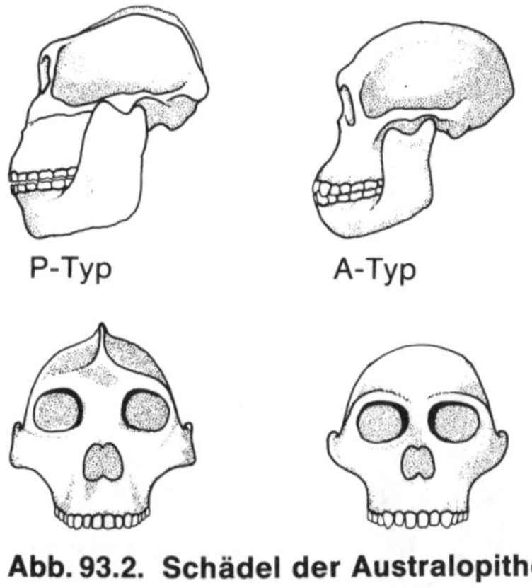

Abb. 93.2. Schädel der Australopithecinen

Kennzeichnend für alle bekannten Australopithecusarten sind folgende Merkmale: Aufrechte Körperhaltung und Bipedie, parabolische Zahnbögen ohne Diastema (Lücke zwischen Eckzähnen und Schneidezähnen) und ohne besonders verlängerte Eckzähne, großer, schnauzenartig vorspringender Gesichtsschädel, ein vergleichsweise kleiner Hirnschädel mit Kapazitäten um 500 cm^3. Gelegentlich werden die vier Arten zwei Typen zugeordnet, wobei sich der P-Typ (A. robustus und A. boisei) vom A-Typ (A. africanus und A. afarensis) vor allem durch den durchschnittlich größeren und schwereren Körper, den Scheitelkamm und die fast völlig fehlende Stirn unterscheidet.

Beide Typen zeigen, daß der Erwerb des aufrechten Ganges und die Entwicklung des hominiden Gebisses lange vor der Entfaltung des Gehirns und der damit verbundenen Schädelvergrößerung stattfanden. Die typisch menschlichen Merkmale waren als Präadaptionen zum Teil schon lange vor dem Tier-Mensch-Übergang (S. 96) vorhanden.

Vorschlag für Referate

1. Der Pekingmensch, nach Spektrum d. Wiss. 8, 1983 und Lit. [47]: Die ersten Menschen.
2. Heutige Vorstellungen über die Abstammung des Menschen, nach Spektrum d. Wiss. 5, 1984.
3. Lucy, nach Johanson, D. C., und E. Edey: Lucy – Die Anfänge der Menschheit. München: Piper 1982, Leakey, R., und R. Lewin: Der Ursprung des Menschen. Frankfurt a. M.: S. Fischer 1993 und Lewin, Roger: Die Herkunft des Menschen. Heidelberg: Spektrum d. Wissensch. Verlagsgesellschaft mbH 1995.

8.4 Fossilgeschichte vormenschlicher Primaten

Ramapithecus

Nach heutiger Kenntnis erschienen die ersten afrikanischen Hominiden in Tansania und Äthiopien vor mehr als 4 Millionen Jahren. Die Zeit davor liegt jedoch noch weithin im dunkeln. Bis vor einigen Jahren wurde der Ursprung der Hominiden in einer Gruppe von Menschenaffen vermutet, die vor etwa 10–15 Millionen Jahren in Eurasien und Afrika in verschiedenen Formen verbreitet war und nach dem ersten Fundort in Nordindien *Ramapithecus* genannt wird. Inzwischen haben zahlreiche neue Fossilfunde dazu geführt, die Ramapithecinen völlig aus der Entwicklungsreihe zum Menschen herauszunehmen.

Proconsul africanus

1927 wurde in Kenia das erste Fragment von Proconsul, ein Oberkieferzahn, aufgefunden. In der Folgezeit hat man so viele weitere Fossilbruchstücke von unterschiedlichen Individuen dieses ausgestorbenen Primaten zusammengetragen, daß man heute ein recht genaues Bild von ihm entwerfen kann:
Das etwa paviangroße Tier lebte in mehreren Gattungen vor etwa 18 Millionen Jahren. Es fehlten ihm die groben Überaugenwülste und die langen Arme der Menschenaffen. Die fast menschlichen Hand- und Fußproportionen und der Schultergürtel lassen erkennen, daß es sich wohl nicht um einen spezialisierten Schwinghangler oder Springer gehandelt hat, sondern um einen mehr behäbigen Baumkletterer. Mit einem relativ größeren Gehirnvolumen als heutige Affen vergleichbarer Größe und einer Stirnhöhle, wie sie nur der Mensch, Schimpanse und Gorilla haben, wird Proconsul heute als generalisierter Vorläufer der großen Menschenaffen und des Menschen betrachtet.

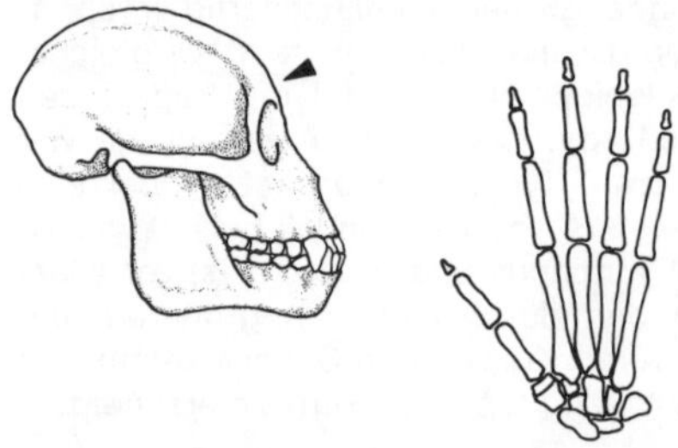

Abb. 94.1. Proconsul: Schädel- und Handproportionen sowie ein Rekonstruktionsversuch (nach A. Walker aus Spektr. d. Wiss. 3, 1989)

Aegyptopithecus und Propliopithecus

1960 wurde in der ägyptischen Oase El Fayum der Gehirnschädel eines Menschenaffen gefunden und nach seinem Fundort *Aegyptopithecus* genannt. Mit einem (geschätzten) Alter von rund 30 Millionen Jahren hat man in ihm gelegentlich gerne einen Repräsentanten der gemeinsamen Vorfahren der Hominoiden, also von Menschenaffen und Menschen, gesehen. Seit 1977 sind noch weitere Teile des Skeletts geborgen worden, so daß nunmehr eine gewisse Ähnlichkeit mit den lebenden Affen der Neuen Welt deutlich wird. Es ist jedoch noch immer nicht möglich, die genaue Stellung im Primatenstammbaum festzulegen. *Propliopithecus haeckeli* aus dem Oligozän ist mit einem geschätzten Alter von über 33 Millionen Jahren das bisher älteste Fossil eines Menschenaffen. Auch er wird gelegentlich spekulativ als möglicher Vertreter der gemeinsamen Stammform der Hominoiden gesehen.

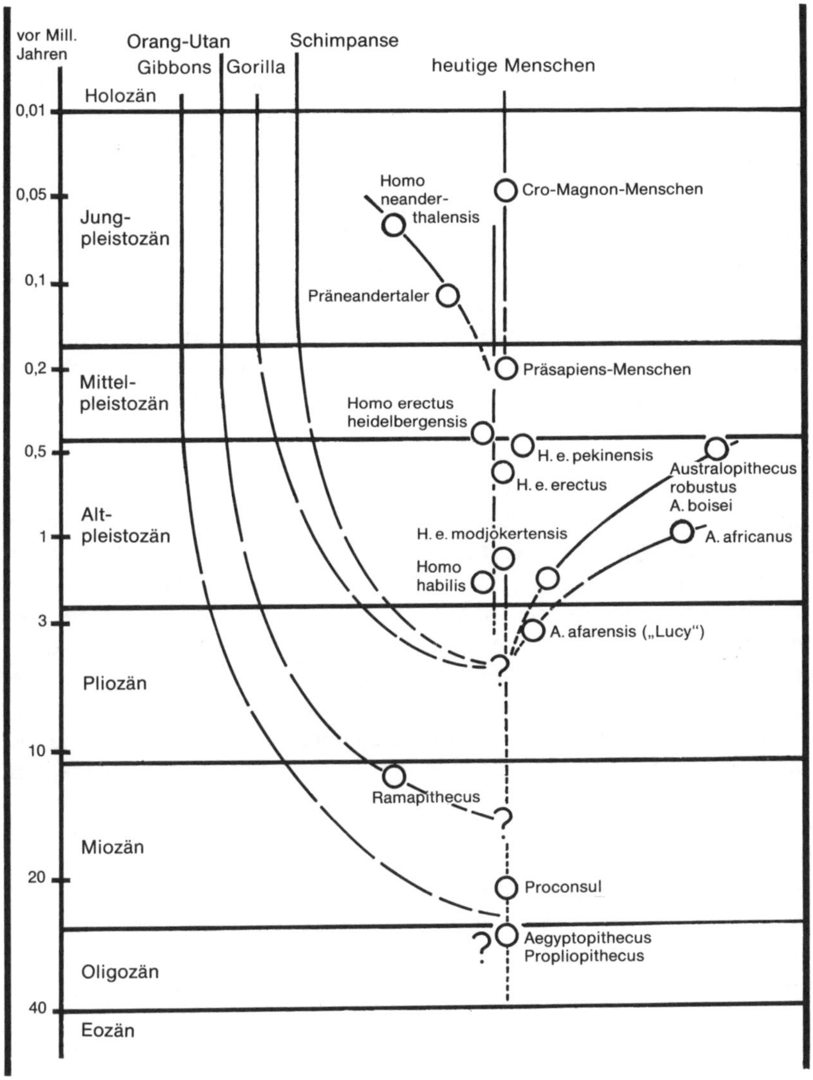

Abb. 95.1. Fossilgeschichte der Hominiden

8.5 Hominisation und kulturelle Evolution

Wenn wir den (mutmaßlichen) Entwicklungsweg des Menschen vom Propliopithecus bis zu den rezenten Menschenrassen hinauf verfolgen, so können wir drei große Abschnitte unterscheiden:

1. Die *subhumane Phase* ist gekennzeichnet durch die Einleitung von Veränderungen, die in der weiteren Entwicklung vom Baum- zum Bodenleben und von der Quadrupedie zur überwiegenden Bipedie geführt haben. Der Beginn des Pliozäns vor etwa 10 Millionen Jahren leitet über zum nächsten Abschnitt.
2. Im *Tier-Mensch-Übergangsfeld* (TMÜ) beginnen sich die in der subhumanen Phase eingeleiteten Veränderungen auszuwirken. Obwohl uns aus dieser Zeitspanne bis zum gesicherten Auftreten der Gattungen Homo und Australopithecus vor vielleicht vier Millionen Jahren kaum Fossilien überliefert sind, müssen sich in ihr die wesentlichen Neuerwerbungen durchgesetzt haben, die den biologischen und kulturellen „Eigenweg" des Menschen kennzeichnen (Kap. 8.1). Von ganz entscheidender Bedeutung dafür war sicher der Übergang zur vorwiegend zweibeinigen Fortbewegungsweise, die sich vielleicht im Zusammenhang mit der Umstellung vom Baum- zum Bodenleben ergeben hat. Die Gefahr, im hohen Gras ein Opfer der Raubtiere zu werden, war um so geringer, je besser ein Individuum aus der aufrechten Körperhaltung die Umgebung prüfen konnte. Gleichzeitig wurden damit wichtige Voraussetzungen für die beschleunigte Entwicklung des Gehirns und die Freistellung der Hände von Bewegungsaufgaben geschaffen, die sich nunmehr unter der Kontrolle der Augen zu „Manipulierhänden" entwickeln konnten.

   Mit der Aufrichtung des Körpers und dem Leben in der offenen Landschaft waren sicher auch erhebliche Risiken verbunden, insbesondere die gegenüber Steppentieren stark eingeschränkte Flucht- und Jagdfähigkeit. Die daraus resultierende Entwicklungskrise könnte zur bevorzugten Auslese derjenigen Individuen beigetragen haben, die in der Lage waren, ihre physische Unterlegenheit durch die Erfindung und Anwendung von Werkzeugen auszugleichen. Wie diese ersten Werkzeuge ausgesehen haben, ist nicht mehr feststellbar. Es ist anzunehmen, daß es sich dabei um natürlicherweise vorkommende, scharfkantige Gesteinsstücke gehandelt hat. Als nächster Schritt wurden vielleicht Gesteinsbrocken zertrümmert, um aus den entstehenden Splittern die geeignetsten herauszusuchen. Es gibt jedoch keine Möglichkeit, solche künstliche Splitter von natürlichen zu unterscheiden und so als Kunstprodukte (Artefakte) zu identifizieren. Dennoch leitet dieser Übergang vom Gebrauch vorgefundener Gegenstände als Waffen und Werkzeuge zu deren planmäßiger Herstellung einen grundsätzlich neuen Entwicklungsabschnitt ein, in dem der Mensch in zunehmendem Maße Einfluß auf seine eigene Entwicklung nimmt.
3. Der Beginn der *humanen Phase* ist vor etwa 1,5 bis 1 Millionen Jahren anzusetzen und ist im wesentlichen gekennzeichnet durch die vorausschauende Herstellung von Geräten und Werkzeugen, durch Bewahrung und Gebrauch des Feuers und durch künstlerische Erzeugnisse.

Anatomisch verbinden den Menschen weit mehr Gemeinsamkeiten mit den übrigen Primaten, als ihn Unterschiede von diesen trennen (Kap. 8.1). Der Eigenweg der menschlichen Evolution beginnt weniger mit den anatomischen als mit den geistigen

Sonderentwicklungen, die ihrerseits allerdings wieder anatomische Vorbedingungen im Gehirn haben. Erst die Entwicklung des Gehirns, speziell des Großhirns, ermöglichte es dem Menschen, zu einem denkenden, sprechenden und kulturschaffenden Wesen zu werden. Die so eingeleitete Evolution ist deshalb auch im wesentlichen an kulturellen Veränderungen abzulesen. So kann man verfolgen, wie die Bearbeitungstechniken für die Herstellung von Steinwerkzeugen immer ausgefeilter, die Werkzeuge selbst immer zweckmäßiger wurden. Dazu kommen dann Schmuck-, Kult- und Kunstgegenstände, die auf ein immer größer werdendes Kulturrepertoire hinweisen. Diese Art von Evolution beruht nicht auf Vererbung, sondern auf *Traditionsbildung*, durch die Erfindungen und verbesserte Techniken bewahrt und von Generation zu Generation weitergegeben werden.

Diese *kulturelle Evolution* verlief zunächst äußerst langsam. So blieben z. B. die Faustkeilkulturen über etwa 250000 Jahre hinweg im wesentlichen unverändet, wurden also über 10000 Generationen lang vom Vater auf den Sohn ohne besondere Weiterentwicklung übertragen. Dies änderte sich jedoch mit dem Auftreten des Homo sapiens vor vielleicht 80000 Jahren. Man kann annehmen, daß die seit dieser Zeit zu beobachtende stetige Beschleunigung der kulturellen Entwicklung das Ergebnis zweier sich gegenseitig verstärkender Faktoren war und vielleicht noch immer ist:

Günstige Mutationen und Rekombinationen ermöglichten über die Entwicklung des Großhirns die geistigen Fähigkeiten zur Herstellung von Werkzeugen und deren Gebrauch sowie später den Anbau von Nahrungspflanzen und die Haltung von Nahrungstieren, die den Menschen mehr und mehr aus der völligen Abhängigkeit von der Natur lösten. Dadurch wiederum verlor die natürliche Auslese an Intensität, so daß immer mehr Individuen mit genetischen Abweichungen überleben konnten. Die dadurch zunehmende genetische Vielfalt bereicherte das Potential geistiger, künstlerischer und manueller Fähigkeiten, was eine weitere Befreiung aus der Abhängigkeit von der Natur und ein schnelleres Fortschreiten der kulturellen Entwicklung *ohne besondere Spezialisierung* ermöglichte. So haben sich biologische und kulturelle Evolution wohl gegenseitig beschleunigt.

Vorschlag für Referate

1. Werkzeuge und kulturelle Evolution des Menschen nach Rust, A.: Handwerkliches Können und Lebensweise des Steinzeitmenschen. In: Mannheimer Forum 73/74. Hrsg. von Boehringer Mannheim GmbH. Mannheim 1974.
2. Die Radiations- und die Stufenhypothese der Stammesgeschichte des Menschen nach Lit. [45] und Spektrum der Wissenschaft 5, 1984.

Aufgaben

1. Welcher logische Fehler macht die oft gestellte Frage: „Stammt der Mensch vom Affen ab?" unsinnig?
2. Warum genügt es nicht, für die Aufklärung der Stammesgeschichte des Menschen nur dessen unmittelbare Vorfahrenreihe zurückzuverfolgen?
3. Der Darwin'sche Begriff „ancient member" wurde durch den bekannteren Begriff des „missing link" ersetzt. Was versteht man darunter und was ist gegen die Begriffe einzuwenden?
4. Der Schimpanse könnte nach seinen Fähigkeiten in einem dem TMÜ vergleichbaren Übergangsfeld stehen. Warum ist nicht anzunehmen, daß er sich, ähnlich dem Menschen, zu einem intelligenten Wesen weiterentwickeln wird?

8.6 Die Rassen des Menschen

Zu einer biologischen *Art* gehören alle Individuen, die sich unter natürlichen Bedingungen fruchtbar miteinander kreuzen können und deren Nachkommen wieder fruchtbar sind (Kap. 6). Demnach gehören alle heute lebenden Menschen zu einer Art (Homo sapiens).

Rassen unterscheiden sich in einer Reihe reinerbiger Merkmale voneinander.

Die heute lebenden Menschen lassen sich in drei gut unterscheidbare *Großrassen (Rassenkreise)* aufgliedern: in *Europide, Mongolide* und *Negride.*

Merkmal	Europide	Mongolide	Negride
Gesicht	schmal, reliefreich	rundlich, flach mit breiten Jochbögen	meist Prognathie (Oberkiefer überragt Unterkiefer)
Nase	meist schmal, hohe Nasenwurzel	meist breit und flach, tiefe Nasenwurzel	meist breit und flach, mit geweiteten Nasenöffnungen
Lippen	meist dünn	dünn bis voll	meist wulstig
Kopfhaar	glatt bis wellig, meist dünn, hell bis dunkel	kräftig und glatt, schwarz	dicht und dick, kraus, schwarz
Augen	blau bis dunkel	dunkel, schmale Lidspalte (Schlitzauge), oft Mongolenfalte	dunkel
Haut	hellrötlich bis hellbraun	hellgelblich bis olivbraun	hellbraun bis schwarzbraun

Tab. 98.1. Wichtigste grobschematische Rassenkreismerkmale des Jetztmenschen

Die humangenetisch orientierte Rassenforschung verwendet heute zusätzlich zu morphologischen Merkmalen die Häufigkeitsverteilung von physiologisch-biochemischen Merkmalen (Blutgruppen, Serumproteine usw.) für ihre Versuche einer Rassenaufgliederung. Damit gelang es beispielsweise, die Zugehörigkeit der Eskimos und eines großen Teils der nordamerikanischen Indianer zum mongoliden Rassenkreis nachzuweisen.

Innerhalb der Großrassen kann nach Einzelmerkmalen und Merkmalskombinationen weiter differenziert werden. Da es aber infolge von Wanderungen, Eroberungszügen und neuerdings durch die Entwicklung der Verkehrsmittel zu intensiven Durchmischungen gekommen ist, fällt es zunehmend schwerer, einen einzelnen Menschen einer bestimmten Einzelrasse zuzuordnen.

Über die Entstehung der Rassenkreise ist wenig bekannt. Sie hat wahrscheinlich vor 30 000–40 000 Jahren als Folge unterschiedlicher Selektionsbedingungen in den Besiedelungsgebieten eingesetzt. So ist beispielsweise die Stärke der Hautpigmentierung als Anpassung an die Intensität der Sonnenstrahlung aufzufassen. Unter der Tropensonne stellt starke Pigmentierung einen Schutz gegen zu intensive UV-Strahlung dar; für die nördlichen Europiden besteht der Selektionsvorteil in einer möglichst geringen Pigmentierung, weil so die relativ geringe UV-Strahlung nördlicher Breiten optimal für die Synthese des lebensnotwendigen Vitamin D in der Haut genutzt werden kann.

Daneben hat sicher auch Isolation eine wichtige Rolle gespielt: Noch heute trennen Himalaya und Altai Europide von Mongoliden und die Sahara Europide von Negriden. Auch die Bindung an bestimmte extreme Lebensräume stellt zum Teil bis heute einen wirksamen Isolationsfaktor dar, z. B. bei den Eskimos der Polarzone oder den Pygmäen des zentralafrikanischen Urwalds. Daneben spielen auch soziale und kulturelle Isolationsfaktoren eine Rolle. So hat die Jahrhunderte andauernde strenge Kastentrennung in Indien und im indonesischen Raum zu charakteristischen Genhäufigkeitsverteilungen in der Bevölkerung geführt. Ähnliches ist innerhalb abgeschlossen lebender Gruppen, z. B. den Hutterern Kanadas, zu beobachten.

Schon von den Menschen der Antike ist bekannt, daß sie ihre eigene Familie, Sippe oder Rasse für wertvoller hielten als die ihrer Nachbarn. In späteren Jahrhunderten waren es meist die Europiden, die sich auf Grund einer angenommenen biologischen Überlegenheit zu Beherrschern anderer Rassen aufschwingen wollten. Leider wurden diese völlig unbegründeten Ansprüche von einer Reihe von Wissenschaftlern bis in die jüngste Vergangenheit noch pseudowissenschaftlich untermauert und ihre unmenschlichen Auswirkungen auf diese Weise „gerechtfertigt".

Sicher ist, daß die vorhandenen Unterschiede in psychischen und physischen Eigenschaften zu keinerlei biologischem Werturteil berechtigen, und es ist anzunehmen, daß sich bei gleichen Umweltbedingungen auch dieselben Fähigkeiten und Leistungen entwickeln. Tun wir das unsere, Rassenideologie und Vorurteile abzubauen.

8.7 Bevölkerungsentwicklung und Zukunftsaspekte

Durch die fortschreitende Lösung aus der totalen Abhängigkeit von der Natur durch die Schöpfungen des menschlichen Geistes und die damit verbundene Verminderung des Selektionsdrucks wurden die natürlichen Mechanismen zur Regulierung der Populationsdichte für den Menschen unwirksam. Eine unmittelbare Folge war und ist ein Wachstum der Erdbevölkerung, das wegen seines *superexponentiellen Verlaufs* auch mit *„Bevölkerungsexplosion"* bezeichnet wird.

(Der superexponentielle Verlauf ist im Gegensatz zum exponentiellen dadurch gekennzeichnet, daß die Zeiträume, innerhalb derer eine Verdoppelung der Gesamtbevölkerung erfolgt, immer kürzer werden):

Man schätzt die Weltbevölkerung für die Zeit um Christi Geburt auf etwa 250 Millionen. Bis um 1600 hatte sie sich auf etwa 500 Millionen verdoppelt, so daß diese Verdoppelungszeit etwa 1600 Jahre betrug. Bereits im Jahre 1830, also nur 230 Jahre später, waren es schon eine Milliarde Menschen, um 1930 zwei und um 1976 vier Milliarden. Die nächste Verdoppelung auf acht Milliarden müßte, eine etwa gleiche Wachstumsrate wie um 1976 von ca. 1,95% vorausgesetzt, bereits um das Jahr 2012 erwartet werden. Tatsächlich beobachtet man jedoch seit etwa 1965 abnehmende Wachstumsraten (vgl. Tab. 100.1), so daß, nach Schätzungen der Vereinten Nationen, die achte Milliarde „erst" für 2025 erwartet werden muß.

Dies darf jedoch nicht darüber hinwegtäuschen, daß der Bevölkerungszuwachs pro Jahr in absoluten Zahlen ausgedrückt zur Zeit höher ist als jemals zuvor:

Jahr	Weltbevölkerung in Milliarden	durchschnittliche jährliche Wachstumsrate in % im Zehnjahresintervall	durchschnittlicher jährlicher Bevölkerungszuwachs im Zehnjahresintervall in Millionen
1950	2,52 (0,068)		
		1,85 (0,56)	50 (0,43)
1960	3,02 (0,072)		
		2,10 (0,65)	68 (0,50)
1970	3,70 (0,077)		
		1,90 (0,08)	74 (0,06)
1980	4,44 (0,078)		
		1,75 (0,13)	84 (0,11)
1990	5,28 (0,079)		
		1,60 (0,30)	88 (0,23)
2000	6,16 (0,081)		

Tab. 100.1. Wachstum der Weltbevölkerung von 1950 bis zum Jahr 2000, in Klammern die Werte für Deutschland (nach Erhebungen bzw. Schätzungen der Vereinten Nationen, 1994)

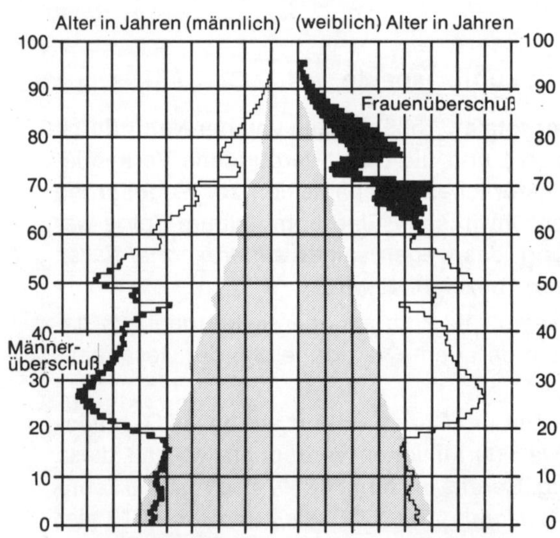

Abb. 100.1. Altersaufbau der Bevölkerung: Bevölkerungspyramiden des Deutschen Reiches 1910 (grau) und der Bundesrepublik Deutschland 1991

Um Prognosen über das Wachstum einer bestimmten Bevölkerung oder Bevölkerungsgruppe stellen zu können, benötigt man neben der absoluten Anzahl der Individuen auch die Anteile der verschiedenen Altersstufen und Geschlechter an der Gesamtzahl, das Verhältnis von Geburten- und Sterberate sowie die mittlere Lebenserwartung. Diese Bevölkerungszusammensetzung wird in Form einer *Bevölkerungspyramide* dargestellt. Je breiter die Basis einer solchen Pyramide ist, desto größer ist der Anteil an Kindern in der Bevölkerung und desto stärker ihr Wachstum. Bevölkerungspyramiden von Industrienationen unterscheiden sich wesentlich von solchen aus Entwicklungsländern. Dort ist der Anteil an Kindern und Jugendlichen überproportional hoch.

Die weltweite Bevölkerungsentwicklung birgt neben den brennenden ökologischen, ökonomischen, sozialen und medizinischen Problemen (vgl. Lb. der Ökologie) auch solche *genetischer* Art: Starben noch vor etwa 200 Jahren mehr als die Hälfte aller Menschen vor Erreichen des Erwachsenenalters, so sind es heute in der westlichen Welt nur noch ca. 5%, so daß heute auch Menschen mit mehr oder weniger schwerwiegenden genetischen Defekten das heiratsfähige Alter erreichen und Kinder zeugen können. So läßt sich schon heute eine Zunahme verschiedener Erbkrankheiten beobachten (z. B. Bluterkrankheit, Retinoblastom usw.). Es gibt auch Anlaß zu der Befürchtung, daß der verminderte Selektionsdruck eine Schwächung des immunologischen Abwehrsystems zur Folge haben wird, so daß die Umwelt unserer Nachkommen vielleicht zunehmend künstlich durch Antibiotika geschützt werden muß.
Nachdem man erkannt hat, daß die Qualität des menschlichen Erbgutes durch die zahlreichen Eingriffe in den Ausleseprozeß in Mitleidenschaft gezogen wird, gibt es Bemühungen, das genetische Erbe zu schützen, zu verbessern, vielleicht sogar in seiner Entwicklung zu steuern. Alle Überlegungen und Versuche in dieser Richtung werden unter dem leider etwas belasteten Begriff der *Eugenik* oder *Erbgutpflege* zusammengefaßt.
Mit der wachsenden positiven Einstellung zu einer *Familienplanung* werden sich immer mehr Menschen bewußt, daß die Geburt von Kindern mit schweren Erbschäden verhindert werden kann, und zwar am weitaus besten durch die Vermeidung ihrer Zeugung. Moderne gentechnische Methoden erlauben es heute, eine Reihe schwerer genetischer Defekte durch direkte Analyse der DNS zu erkennen.
Diese sogenannte Genom-Diagnostik kann schon heute, im Rahmen der genetischen Familienberatung bei potentiellen Eltern durchgeführt, in bestimmten Fällen die Abschätzung des genetischen Risikos für ein evtl. Kind erheblich verbessern. Beim Ungeborenen erlaubt sie, als Ergänzung der klassischen Methoden pränataler Diagnostik (vgl. Lb. d. Genetik), die Erkennung der Anlagen von weiteren genbedingten Defekten, die dann in Einzelfällen sogar einer vorgeburtlichen Therapie zugeführt werden können. Eine gezielte Beeinflussung der Genstrukturen eines Menschen („Planung") durch Auswahl der Keimzellen aufgrund genomdiagnostischer Ergebnisse liegt jedoch noch im Bereich wissenschaftlicher Utopie.
Daneben wird intensiv an Möglichkeiten gearbeitet, erkannte Gendefekte zu beheben. So ist es heute möglich, bestimmte intakte Genabschnitte aus gesunden Zellen mit Hilfe von Restriktionsenzymen herauszuschneiden und in Bakterien- oder Hefezellen zu vermehren. Anschließend werden diese Abschnitte mit Hilfe von Viren in defekte Zellen eingeschleust, wo sie mit einer bestimmten Wahrscheinlichkeit die defekten Genabschnitte durch Rekombinationsvorgänge ersetzen. Eine derartige „Gentherapie", d. h. der Austausch eines defekten gegen ein intaktes Gen in möglichst vielen Zellen des Körpers, ist beim Menschen bis heute (1996) nur bei der Behandlung der cystischen Fibrose (Mukoviszidose) erfolgversprechend durchgeführt worden.
Ein begrenzter Einfluß auf die Genzusammensetzung des Nachwuchses kann bereits heute durch Auswahl der Spender von Ei- und Samenzellen genommen werden: Künstliche Besamung (Insemination), seit langem in der Haustierzucht üblich, wird in steigendem Maße auch beim Menschen durchgeführt. Aus den USA wird von Samenbanken berichtet, in denen der Samen speziell ausgewählter, hochbegabter Männer tiefgekühlt auf Abruf bereitsteht. Da ethische und religiöse Überlegungen hier eine

Rolle spielen, gibt es über die Häufigkeit der auf diesem Wege gezeugter Kinder keine verläßlichen Angaben.

Ein in der Haustierzucht seit Jahren praktiziertes Verfahren ist die In-vitro-Besamung. Hierbei werden aus den Eileitern ausgewählter Weibchen Eizellen ausgespült und mit Samenzellen ebenso ausgewählter Männchen besamt. Die Zygote wird anschließend in den Uterus des Spenderweibchens oder auch eines anderen Weibchens eingepflanzt. 1978 war es erstmals gelungen, einer sekundär unfruchtbaren Frau eine reife Eizelle zu entnehmen, sie erfolgreich mit dem Samen des Ehemannes in vitro zu befruchten und wieder in den Uterus einzusetzen. Das völlig normal ausgetragene und geborene Baby ist unter dem herabsetzenden Namen „Retortenbaby" bekanntgeworden. Bis heute (1996) sollen insgesamt mehr als 4000 Kinder in der Bundesrepublik Deutschland und mehr als 30000 in aller Welt auf diesem Wege gezeugt worden sein.

Auch hier eröffnen sich nach Abwägung der ethischen, religiösen und menschlichen Verantwortlichkeiten Möglichkeiten zur Umgehung bestimmter Fälle von weiblicher Unfruchtbarkeit, zur Vermeidung von erbkrankem Nachwuchs, wie auch zur Förderung und Anhäufung erwünschter Erbanlagen.

Ein bedeutender Einfluß auf das genetische Potential des Menschen kommt der zunehmenden Belastung durch ionisierende Strahlen und den *chemischen Mutagenen* zu. Vorsichtige Schätzungen haben zu der Annahme geführt, daß eine Verdoppelung der gegenwärtigen Strahlenbelastung die Mutationsrate um etwa 2% erhöhen würde. Über die Wirkung der chemischen Mutagene läßt sich praktisch keine Aussage machen, da weder alle mutagenen Stoffe als solche bekannt noch die Wirkungsmechanismen der bekannten ausreichend erforscht sind. Leider trifft dies auch für einen großen Teil der häufig verwendeten Arzneimittel zu, wofür die Contergankatastrophe nur ein warnendes Beispiel ist. Experimente haben gezeigt, daß Rauschgiftdrogen neben ihren bekannten psychedelischen Wirkungen auch Chromosomenschäden in Keim- und Körperzellen hervorrufen können. Selbst Alkohol und Nikotin stehen in dem dringenden Verdacht, für zytogenetische Schäden verantwortlich zu sein.

Eine weitere globale, genetische Gefahr für den Menschen, aber auch für Pflanze und Tier, geht von der zunehmenden Ausdünnung der stratosphärischen Ozonschicht aus. Nach gegenwärtiger Abschätzung erhöht sich die UV-B-Strahlung an der Erdoberfläche um 2%, wenn die Ozonkonzentration in der Stratosphäre um 1% abnimmt. Das Risiko, an einer der verschiedenen Formen von Hautkrebs zu erkranken, dürfte sich für die hellhäutige Bevölkerung damit um 3–6% erhöhen.

Vorschlag für Referate

1. Die Rassenkreise des Menschen. Ihre Entstehung und Verbreitung. Nach Lit. [39], [43].
2. Der Bevölkerungsrückgang in den entwickelten Ländern nach Westhoff, C.F.: Ehe und Fruchtbarkeit in den entwickelten Ländern. In: Spektrum der Wissenschaft 2, 4, 1979.
3. Das Wachstum der Erdbevölkerung. Nach Spektrum der Wissenschaft 11, 1980, 7, 1982, 11, 1989, oder nach Meadows, D., u. a.: Die neuen Grenzen des Wachstums. Die Lage der Menschheit: Bedrohung und Zukunftschancen. Stuttgart: Deutsche Verlags-Anstalt, 1992.

Aufgaben

1. Ist es berechtigt, im Zusammenhang mit der Evolution des Menschen, von „Selbstdomestikation" zu sprechen?
2. In den entwickelten Ländern gehen die Geburtenzahlen stetig zurück, andererseits wird die durchschnittliche Lebensdauer immer länger. Wie sind beide Tendenzen aus humangenetischer Sicht zu beurteilen?
3. Stellen Sie das Wachstum der Weltbevölkerung mit Hilfe der auf S. 99 angegebenen Daten graphisch dar.
4. Vergleichen Sie die beiden Bevölkerungspyramiden in Abb. 100.1 und stellen Sie Vermutungen über die Ursachen der Unterschiede an.
5. Beschreiben und begründen Sie, wie die Bevölkerungspyramide in Abb. 100.1 heute aussieht, und vergleichen Sie dann mit der aktuellen Darstellung im Statistischen Jahrbuch für die Bundesrepublik Deutschland.
6. Welche Prognose läßt sich aus Abb. 100.1 für die Bevölkerungszusammensetzung der Bundesrepublik Deutschland in 50 Jahren aufstellen? Welche Aussage läßt sich für die Bevölkerungszahl nach diesem Zeitraum machen?
7. Die vergleichende Untersuchung der Sprachen verschiedener Völker hat das abgebildete System abgestufter Ähnlichkeiten erbracht. a) Interpretieren Sie diesen Befund. b) Vergleichen Sie diese Darstellung mit Stammbäumen des Natürlichen Systems (S. 36).

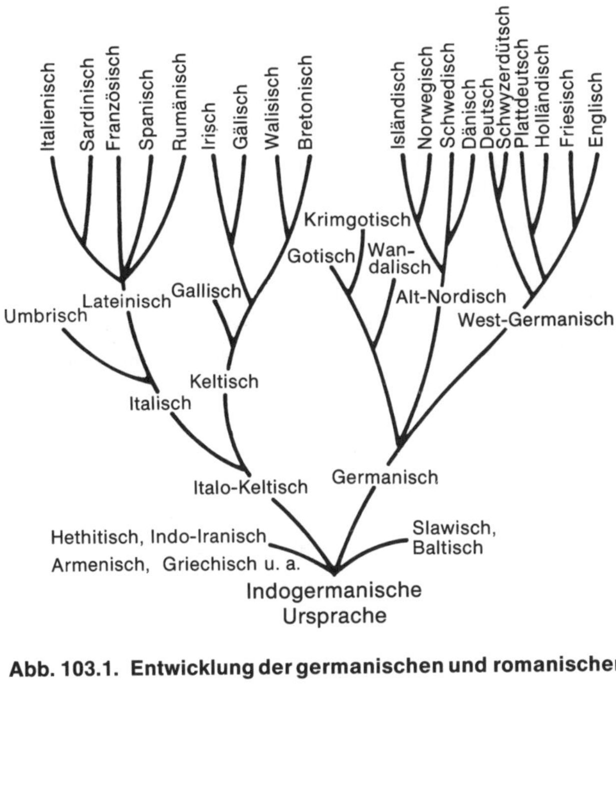

Abb. 103.1. Entwicklung der germanischen und romanischen Sprachen

8.8 Zukunftsaufgaben

Die Individuenzahl der Menschen nimmt nicht nur unaufhaltsam, sondern geradezu explosionsartig zu (vgl. S. 99 und 103, Aufgabe 3). An dieser Situation ändert auch die gegenwärtige Stagnation der Bevölkerungszunahme in den hochtechnisierten Ländern nichts. Eine gleichbleibende Lebenserwartung und Vermehrungsrate vorausgesetzt, wird noch vor dem Jahr 2050 eine Weltbevölkerung von 10 Milliarden erreicht sein, was von vielen Fachleuten als die absolute „Tragfähigkeitsgrenze" unserer Erde angesehen wird. Das Anwachsen der Individuenzahl auf der einen und das Streben jedes einzelnen nach befriedigenden Lebensumständen auf der anderen Seite führen bisher unausweichlich in einen Teufelskreis von Interessenkonflikten, von denen beispielhaft nur die brennendsten angeführt werden sollen:

- Der steigende Bedarf an Nahrungsmitteln, Siedlungsraum, Bau- und Brennholz führt zu fortschreitender Umwandlung von Waldgebieten in Acker- und Siedlungsflächen mit der Folge des Anstiegs der CO_2-Konzentration in der Atmosphäre. Die damit wahrscheinlich verbundenen Auswirkungen auf die Globaltemperatur („Treibhauseffekt"), das Pflanzenwachstum, mittlere Meereshöhe usw. werden unterschiedlich, aber überwiegend negativ beurteilt.
- Der steigende Bedarf an fossiler (Haus- und Kraftwerksbefeuerung, Autos, Flugzeuge) und elektrischer Energie führt zu weiterer Zunahme der CO_2-Konzentration in der Atmosphäre und zunehmender Umweltverschmutzung durch andere Abgase, Öltransportunfälle, erhöhte Radioaktivität usw.
- Der steigende Bedarf an Konsumgütern führt zu deren erhöhter Produktion und damit zu noch rascherer Ausbeutung der Rohstoffvorräte, weiterer Erhöhung des Energieverbrauchs und der Mengen an nichtverwertbaren Abfallstoffen und umweltgiftigen Substanzen im Boden, im Wasser und in der Atmosphäre mit bisher weitgehend unbekannten Auswirkungen auf Pflanzen und Tiere.
- Die ungleiche Verteilung von Nahrungsmitteln, Siedlungsraum, Rohstoffen und Konsumgütern wird weiterhin wesentlich an der Entstehung klein- und großräumiger sozialer und politischer Spannungen beteiligt sein, deren Auswirkungen (im Entladungsfalle) auch von der Individuenzahl und -dichte der betroffenen Bevölkerungsgruppen abhängen.
- Die Entwicklung unseres angeborenen Verhaltensprogramms (vgl. S. 110 und Lb. d. Verh.) von der Menschwerdung vor vielleicht 3 Millionen Jahren bis heute vollzog sich in kleinen und kleinsten Populationen von Jägern und Sammlern, in einer weitgehend zivilisationsfreien Umwelt und unter völlig anderen Lebensbedingungen. Seit der Erfindung der Schrift und dem Beginn der ersten Hochkulturen sind bis heute dagegen weniger als 15 000 Jahre vergangen. Unser angeborenes Verhaltensrepertoire, noch immer zugeschnitten auf eine Jäger- und Sammlerkultur, kann in unserer heutigen hochtechnisierten Massengesellschaft seine Aufgabe nicht mehr oder nur sehr ungenügend erfüllen und ist, selbst in stark vereinfachter, ritualisierter Ausprägung oft von Nachteil.

Diese und viele weitere damit zusammenhängende Probleme sind zwar erkannt, doch bis heute ungelöst. Dies liegt auch daran, daß wir auf viele Detailfragen noch keine sicheren bzw. gar keine Antworten wissen:

- Liegt die beobachtbare Zunahme des CO_2-Gehalts in der Atmosphäre innerhalb der langfristigen natürlichen Schwankungsbreite, oder geht sie darüber hinaus?
- Ist diese Zunahme vielleicht auf die erhöhte vulkanische Aktivität des letzten Jahrzehnts zurückzuführen?
- Welche Auswirkungen hat dieser steigende CO_2-Gehalt tatsächlich auf die Globaltemperatur, auf die Gletscher, auf die Ausbreitung der Wüsten, auf das Pflanzenwachstum usw.?
- Haben die Abgase hochfliegender Düsenjets einen „Treibhauseffekt" oder eine ozonschädigende Wirkung zur Folge?
- Liegen die periodischen Verringerungen der Ozonkonzentration („Ozonloch") insbesondere über der südlichen Polkappe innerhalb der natürlichen Schwankungsbreiten oder werden sie tatsächlich durch anthropogene Gase verstärkt?
- Welche Auswirkungen haben die vom Regen ausgewaschenen Luftschadstoffe („saurer Regen") auf die Bodenfruchtbarkeit und das Pflanzenwachstum?
- Welche der sozialen, ökonomischen und politischen Probleme sind Folgen einer Nichtanpassung unserer biologisch vorgegebenen Verhaltensneigungen an die Gegebenheiten?

An diesen wenigen Fragen wird bereits deutlich, wie begrenzt unser Wissen auf vielen Gebieten noch ist und wie schwierig verantwortliche Entscheidungen werden können, die ohne Beeinträchtigung zukünftiger Lebensqualität unseren heutigen Bedürfnissen gerecht werden sollen. Die Gewinnung exakter Kenntnisse zur Lösung der immer drängender werdenden Probleme dürfte die Hauptaufgabe der gegenwärtigen Generationen sein.

Aufgaben

1. Ein großer Teil der Weltbevölkerung lebt vorwiegend von pflanzlicher Nahrung und erhält zu wenig tierisches Eiweiß. Diese „Proteinlücke" stellt ein bisher ungelöstes Welternährungsproblem dar. Diskutieren Sie Ursachen und evtl. Lösungsansätze.
2. Informieren Sie sich über die Baumwollanbaugebiete der Welt, über die Dichte und die wirtschaftliche Situation der Bevölkerung in diesen Gebieten und über die Preise von Baumwollartikeln bei uns. Sprechen Sie dann über das Für und Wider von Slogans wie „Weg von der Kunstfaser, zurück zu Naturfasern".
3. „Umweltschutz kostet Geld". Ist Umweltverschmutzung und -zerstörung kostenfrei? (Denken Sie dabei an Stichworte wie z. B. „Ozonloch", „Autoabgaskatalysator", „saurer Regen", „Ölkatastrophen", Tourismus u. ä.).
4. Nennen Sie Verhaltensweisen von Einzelpersonen oder Gruppierungen, die man als Ritualisierungen angeborener Verhaltensmuster bezeichnen könnte, und diskutieren Sie deren Anpassung an die heutigen sozialen Gegebenheiten.

9 Möglichkeiten und Grenzen wissenschaftlichen Erkenntnisgewinns

„Es ist der größte Skandal der Philosophie, daß, während um uns herum die Natur – und nicht nur sie – zugrunde geht, die Philosophen weiter darüber streiten..., ob diese Welt existiert."

Karl Popper

9.1 Grundannahmen

Was alle Naturwissenschaftler noch immer eint (und von manchen philosophischen Richtungen trennt), ist die Annahme einer realen Welt, unabhängig von subjektiver Wahrnehmung und Bewußtsein (*Postulat der Objektivität der Natur oder Realitätspostulat*). Für die Naturwissenschaft sind Naturerscheinungen real existierend, wenn sie der Beobachtung, der Beschreibung, dem Vergleich und Experiment zugänglich sind. Erfahrung in diesem Sinne ist das Tor zur naturwissenschaftlichen Wirklichkeit.
Es entspricht unserer Erfahrung, daß einer Wirkung eine von ihr verschiedene Ursache zugrunde liegt und daß gleiche Ursachen unter gleichen Bedingungen auch gleiche Wirkungen hervorrufen. Ob solche Kausalzusammenhänge für alle Naturerscheinungen bestehen, ist prinzipiell unbeweisbar, wenngleich höchst wahrscheinlich und wird deshalb a priori angenommen *(Kausalitätspostulat)*. Naturwissenschaftliche Erkenntnis ist wesentlich die Erkenntnis des kausalen Beziehungsgefüges zwischen Erscheinungen („Wirkungen") und ihren Ursachen.

Objektive Aussagen

Auf diesen Grundlagen gewonnene Ergebnisse werden zu sogenannten reproduzierbaren (objektiven) Aussagen, wenn sie erstens mit naturwissenschaftlichen Methoden (d. h. streng logisch und unabhängig vom Beobachter und von ideologischen, religiösen, weltanschaulichen und sonstigen Einflüssen) und zweitens mehrfach und von verschiedenen Personen erhalten wurden. Solche objektiven oder Tatsachenaussagen stellen, wenn man so will, die unterste der verschiedenen Ebenen naturwissenschaftlicher Erkenntnis dar.

Generelle Aussagen, Regeln, Naturgesetze

Die von Gregor Mendel auf experimentellem Wege gefundenen Zahlenverhältnisse bei der Merkmalsverteilung unter den Nachkommen sind solche objektiven Aussagen. Die Ergebnisse wurden von Mendel selbst und in zahllosen späteren Experimenten von anderen immer wieder bestätigt und daraufhin in generellen Aussagen oder Regeln verallgemeinert, eben den Mendelschen Regeln. Ein solcher Schluß von den speziell untersuchten Arten auf alle anderen nicht untersuchten ist logisch nicht begründet und deshalb eigentlich nicht zulässig. Aber wir machen solche induktiven verallgemeinernden Voraussagen ständig, wenn wir uns auf Erfahrung berufen:

- Nachdem die bisher untersuchten roten Blutkörperchen alle keinen Zellkern hatten, werden wohl auch alle anderen keinen haben:
  „Rote Blutkörperchen haben keinen Zellkern."
- Es ist bisher noch niemals die spontane Neubildung von Zellen beobachtet worden:
  „Zellen entstehen nur aus bereits vorhandenen Zellen."
- Der Energieerhaltungssatz ist bisher in keinem Experiment durchbrochen worden:
  „Es kann kein Perpetuum mobile geben."
- Bisher hat sich jedes daraufhin untersuchte Gas bei Erwärmung ausgedehnt:
  „Alle Gase dehnen sich bei Erwärmung aus."

Je größer die Anzahl der untersuchten Einzelfälle mit gleichem Ergebnis ist, desto sicherer ist die daraus abgeleitete Regel. Solche Regeln mit sehr hohem Gewißheitsgrad werden auch Naturgesetze genannt.
Das Auffinden von Regeln (allgemeinen Aussagen, Naturgesetzen) kann als die zweite Ebene naturwissenschaftlicher Erkenntnisgewinnung bezeichnet werden.

Kausale Beziehungen, Hypothesen, Ökonomieprinzip

Das Auffinden und die Kenntnis einer Regel allein ist wissenschaftlich unbefriedigend, wenn ihr nicht erklärende, stützende, kausale Ursachen zugeordnet werden können (dritte Ebene der Erkenntnisgewinnung). Mendel entwickelte aus den objektiven Aussagen der Zahlenverhältnisse eine Modellvorstellung, in der er die Existenz von Erbfaktoren postulierte. Sie sollten in den Körperzellen paarweise, in den Keimzellen nur in der Einzahl enthalten sein und durch entsprechende Verteilungsvorgänge bei der Keimzellenbildung Ursache der beobachteten Zahlenverhältnisse sein. Ein solches „Gedankenmodell der Wirklichkeit", das mit den objektiven Aussagen in Einklang steht, in sich (d. h. in seinen Kausalitätsbeziehungen) weitgehend widerspruchsfrei ist und sich in der experimentellen Überprüfung wie das reale System verhält, ist eine *Hypothese.* Eine solche muß sich dabei nicht notwendigerweise logisch aus den objektiven Aussagen herleiten, sie muß nur mit ihnen übereinstimmen. Mit den Mendelschen Zahlenverhältnissen wäre auch die Modellvorstellung vereinbar, daß die Erbfaktoren in den Körperzellen in großer Zahl vorliegen, die bei der Keimzellenbildung jeweils ungefähr halbiert wird. Mendel hat für seine Hypothese das *Ökonomieprinzip (Postulat der Denkökonomie)* angewendet, nach dem im Wahlfalle der jeweils einfachsten, *sparsamsten* Erklärungsmöglichkeit der Vorzug zu geben ist.
Hypothesen müssen immer wieder nach dem neuesten Stand der wissenschaftlichen Erkenntnisse geprüft und verfeinert werden. Dazu werden aus der Hypothese Voraussagen abgeleitet, die durch Beobachtung, Vergleich oder Experiment überprüfbar sind. So hat sich z. B. die Mendelsche Hypothese von den unabhängigen Erbfaktoren in zahllosen Rückkreuzungsexperimenten immer wieder bewährt und wurde auch am Prüfstein unserer heutigen Erkenntnisse über Chromosomen und Gene zwar verfeinert, aber in keinem Falle widerlegt.

Theorien, Weltbilder

Eine vielfach bestätigte und verfeinerte Hypothese, in die sich möglichst viele und vielfältige Einzeltatsachen widerspruchsfrei einfügen lassen, erhält den Rang einer *Theorie.* Auch wenn Theorien die Ebene höchster Gewißheit naturwissenschaftlicher Erkenntnis darstellen, so geben doch auch sie immer nur den Stand des augenblicklichen Wissens wieder und sind der Veränderung und Anpassung an neue Erfahrungen und Ergebnisse unterworfen. Gelegentlich erweisen sie sich sogar als falsch wie z. B. die Phlogistontheorie oder Lamarcks Theorie der Vererbung erworbener Eigenschaften. Andere, so die Zelltheorie, die Chromosomentheorie oder die Evolutionstheorie, erscheinen so gut gesichert, daß es zur Zeit keine ernstzunehmenden Zweifel an ihrer Allgemeingültigkeit gibt.

Beschreibungen, objektive Aussagen, Kausalbeziehungen, Regeln, Hypothesen und Theorien sind die Ergebnisse unserer Bemühungen, die reale Welt zu erkennen, d. h. unsere Erfahrungen und die daraus gebildeten Vorstellungen mit den Naturerscheinungen in Übereinstimmung zu bringen. Sie bilden in ihrer Gesamtheit das, was man das *„naturwissenschaftliche"*, oder, auf biologische Sachverhalte reduziert, das *„biologische* Weltbild" nennt. Ein solches „Weltbild" kann niemals vollständig, fertig, endgültig sein. Die Mängel ergeben sich zum einen aus den unzähligen noch ungelösten Detailfragen, zum anderen entstehen sie aus unserer „Kausalitäts-Überzeugung", nach der jede reale Wirkung (Erscheinung) eine zeitlich vorangehende, ebenso reale Ursache haben muß. Dieser liegt in gleicher Weise eine andere Ursache zugrunde, bis am Ende dieser Ursachenkette eine „Ur-Ursache" zu finden sein sollte, die sich selbst erklären kann. Schon Aristoteles hatte jedoch erkannt, daß die Frage nach der Ursache einer Erscheinung zu vier verschiedenen Ursachenformen führt, die man (nach Riedl, R., Lit. 89, 90) am Beispiel des Hausbaues veranschaulichen kann: Es ist zunächst eine *„Zweck-Ursache" (causa finalis)* erforderlich, also die Absicht von irgend jemandem, ein Haus zu bauen. Dazu kommt eine *„Antriebs-Ursache" (causa efficiens)*, d. h. ein gewisser Aufwand an Energie, an Geld, an Arbeitskraft. Eine weitere Ursache ist der Plan *(„Form-Ursache", causa formalis)*, nach dem die Materialien ausgewählt und später verbaut werden sollen, und schließlich noch die *„Material-Ursache" (causa materialis)*, das verwendete Material selbst in Form der Steine, des Mörtels, der Türen, Fenster, Balken usw. Ein Haus, bei dessen Bau eine der vier Ursachen gefehlt hat, ist nicht vorstellbar. In gleicher Weise müssen alle vier Ursachen z. B. der Entstehung eines Bergkristalls, eines Insektenkörpers oder des menschlichen Auges zugrunde gelegt werden.

Fragen nach dem Beginn einer Ursachenkette wie auch nach der finalen (Zweck-) Ursache sind mit naturwissenschaftlichen Methoden nicht zu fassen. Sie wurden zu allen Zeiten und in allen Kulturen mit Vorstellungen von den zweckvollen Absichten sich selbst erklärender Schöpfer beantwortet. Da sich solche Begründungen einer Überprüfung mit naturwissenschaftlichen Mitteln entziehen, sind sie in den Naturwissenschaften nicht zulässig.

9.2 Aspekte neuerer Wissensgebiete

Soziobiologie

Die Soziobiologie als Bindeglied zwischen den Sozialwissenschaften und der vergleichenden Verhaltensforschung, insbesondere der Humanethologie, ist ein Wissenschaftszweig, der erst 1975 mit dem Erscheinen von E. O. Wilsons Werk „Sociobiology: The New Synthesis" größeren Bekanntheitsgrad erlangte. War es doch bis vor wenigen Jahrzehnten ausschließliche Aufgabe von Psychologie und Soziologie, das individuelle und gesellschaftliche Verhalten des Menschen zu erforschen. Soweit es sich um soziale Verhaltensweisen sogenannter „Naturvölker" oder um Frühformen menschlichen Handelns vergangener Kulturen handelte, waren auch noch Ethnologen und Kulturanthropologen beteiligt. Erst mit der Erkenntnis, daß auch das menschliche Verhalten als ein Ergebnis stammesgeschichtlicher Entwicklungsvorgänge zu sehen ist, kam die Biologie zusätzlich ins Spiel. Die Soziobiologie untersucht die biologischen Grundlagen des Sozialverhaltens möglichst vieler Tierarten mit dem Ziel, allgemeingültige Prinzipien der Evolution und Biologie dieser Verhaltensweisen aufzufinden, um so neue Ansatzpunkte für eine biologische Analyse auch der komplexen menschlichen Gesellschaftsstrukturen zu erhalten.

Noch gehen zahlreiche Vertreter der obengenannten Forschungszweige davon aus, „... daß der Mensch so sehr Kulturwesen ist, daß es unsinnig ist, von einer Natur des Menschen zu reden, da diese sich unter verschiedenen gesellschaftlichen Bedingungen ändert" (H. Kentler: Lit. 84.). Nach anderer Ansicht sind „die heute bestehenden Unterschiede zwischen Frauen und Männern – psychisch und physiologisch – rein gesellschaftlich bedingt". Demnach sind die später zu beobachtenden Unterschiedlichkeiten alleinige Folge verschiedener Erziehung und gesellschaftlicher Umgebung – und die vielfältigen sozialen Probleme und Mißstände unserer Zeit umweltbedingt und durch Änderung der Umweltbedingungen auch zu lösen (U. Scheu, Lit. 91).

Demgegenüber betonen die verschiedenen Zweige der heutigen naturwissenschaftlichen Anthropologie, insbesondere die vergleichende Verhaltensforschung und die Genetik, gerade die Verschiedenheit der Menschen, verursacht sowohl durch unterschiedliche Umwelten wie auch durch unterschiedliches Erbgut. Gerade die vergleichende Verhaltensforschung und die Soziobiologie haben eine Fülle eindrucksvoller Hinweise dafür geliefert, daß im Erbgut fixierte Verhaltensneigungen praktisch alle Bereiche menschlichen Verhaltens beeinflussen. Dies gilt für die frühen Mutter-Kind-Beziehungen ebenso wie für die Geschlechterrollen-Differenzierung, die Prägungsdisposition, das Leben in der Familie und in anderen Gruppierungen. Es gilt für die Partnerbindung und das soziale Hilfsverhalten; für die Aggressivität im allgemeinen und die gegen Außenseiter. Es gilt für die Neigungen zur Territorialität, zur Ausbildung von Rangordnungen, zu Gehorsam und Autorität und zu normativem Verhalten.

Das heißt nun nicht, daß diese angeborenen Dispositionen, wie es von Kritikern der modernen Humanethologie oft mißverstanden wird, schicksalhaft das Tun des Menschen bestimmen, sondern daß unser Verhaltensinventar das Ergebnis sowohl einer stammesgeschichtlichen wie einer individuellen Anpassung an die Umwelt ist.

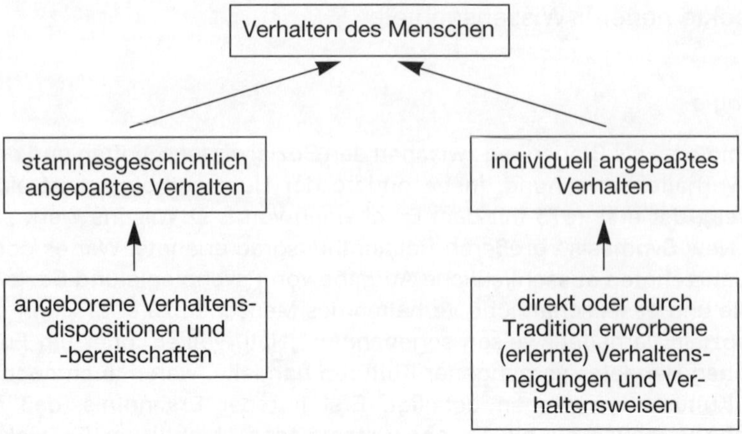

Die genetisch vorgegebenen Verhaltensdispositionen nehmen niemandem die Verantwortung für sein Handeln ab. Aber „... biologisch festgelegte Verhaltenstendenzen setzen sich um so eher durch, je stärker sie sind" (B. Hassenstein, Lit. 83), und sie können, wenn sie viele Menschen erfassen, auch die Verhaltensrichtungen ganzer Bevölkerungsgruppen beeinflussen.
Es ist zu vermuten, daß diese und weitere zu erwartende Erkenntnisse soziobiologischer Forschung dazu beitragen können, die Bedingungen der komplexen menschlichen Sozialstrukturen besser zu verstehen und für die Zukunft Lösungsansätze für die vielfältigen Mißstände und Probleme in unserer Gesellschaft (immer weiteres Auseinanderklaffen der sozialen Schere, Vorurteile und Aggressivität gegenüber Ausländern, Behinderten und Andersdenkenden, Zunahme der Gewaltkriminalität, Häufung und Verschärfung der Fälle von Identitätsproblemen, Generationenkonflikten und sozialen Streßsituationen usw.) anzubieten.

Evolutionäre Erkenntnistheorie

Die erkenntnistheoretischen Grundfragen nach den Möglichkeiten (Quellen, Umfang, Grenzen und Gewißheit) des menschlichen Erkennens und Wissens wurden schon von den ältesten Philosophen gestellt, und sie haben von ihrer Bedeutung für das Selbstverständnis menschlicher Vernunft bis heute nichts eingebüßt. Im Gegensatz zur traditionellen Philosophie, die bisher versucht hat, diese Fragen mehr oder weniger durch abstrakte Spekulation, durch „Analyse der reinen Vernunft" zu lösen, sucht die heutige Naturphilosophie ihre Antworten in den Ergebnissen der naturwissenschaftlichen Forschung.
Jeder Organismus muß sich mit seiner Umwelt erfolgreich auseinandersetzen. Dieser Aufgabe dient jede Körperstruktur, jedes Organ, jede physiologische Funktion, jedes Verhaltenselement. Je mehr diese den Anforderungen der Umwelt entsprechen, um so erfolgreicher kann sich das Lebewesen in seiner Umwelt durchsetzen. Nach Auffassung der Evolutionstheorie wird diese Übereinstimmung der Umweltanforderungen mit den Strukturen und Funktionen des Lebewesens durch Mutation und Selektion

erzwungen. Für eine erfolgreiche Auseinandersetzung des Lebewesens mit seiner Umwelt reicht die Zweckmäßigkeit der Strukturen und Funktionen allein jedoch nicht aus. Um in jeder gegebenen Situation „überlebenswirksam" reagieren zu können, muß ein Organismus Signale aus der Umwelt aufnehmen, sie bewerten und auf die als wichtig interpretierten Signale richtig reagieren. Dies gilt für die Einzeller mit ihren einfachsten Reaktionen auf Hindernisse, auf Änderungen der Lichteinfallsrichtung oder der Protonenkonzentration, und es gilt für die kompliziertesten Verhaltensweisen von Insekten und Wirbeltieren. Alle diese erstaunlichen Fähigkeiten beruhen auf im Erbgut fixierten Signalerkennungs- und Reaktionsprogrammen, also auf bereits gespeicherter Information über die Umwelt, die schon von vorneherein zahllose Möglichkeiten der Fehlinterpretation von Signalen und damit von überlebensgefährdenden Fehlentscheidungen ausschließt. Die vergleichende Verhaltensforschung konnte eine Fülle von Homologien zwischen solchen Programmen der verschiedensten Arten aufdecken und zusammen mit der vergleichenden Physiologie zeigen, daß ihre Mechanismen stufenweise immer komplexer werden und aufeinander aufbauen. Diese im Laufe der Jahrmillionen und Jahrmilliarden in den Strukturen und Funktionen der Organismen abgespeicherten Informationen und Anleitungen sind das, was Konrad Lorenz die *„angeborenen Lehrmeister"* nannte (Lit. 86).

Der Mensch macht auch hier keine Ausnahme. Neben der vergleichenden Verhaltensforschung und der Humanethologie haben insbesondere die Kinder- und Entwicklungspsychologie (z. B. Jean Piaget, Lit. 88) gezeigt, daß bestimmte Erkenntnisstrukturen des Menschen von Geburt an vorliegen und daß deren Entwicklung einem ganz bestimmten Programm folgt. Bereits dem Kleinkind ermöglicht eine umfangreiche Ausstattung an angeborenen, spontanen Verhaltensweisen und Reaktionen die sofortige „intuitive" Kommunikation mit seiner Umwelt, und die Verständnisfähigkeit für Sprachstrukturen ist ihm in einem Maße vorgegeben, daß es, bestimmte Anregungen in einer ebenso bestimmten Lebensphase vorausgesetzt, nur mehr Vokabeln lernen muß (Lit. 82).

Die Wirkung der uns „ angeborenen Lehrmeister" wird in vielen Situationen deutlich: So erscheint uns beim Blick auf die große, strömende Wasserfläche eines Flusses diese stets als ruhend, der kleinere Felsen oder Brückenpfeiler als bewegt. Symmetrisch sich ausdehnende Flächen, z. B. in einer Filmprojektion, werden als sich nähernde Gegenstände interpretiert und rufen schon bei Säuglingen Abwehrreaktionen hervor. Eine weit entfernte Person entwirft auf unserer Netzhaut nur ein winziges Bild. Dieses Bild erzeugt in uns aber keinesfalls die Vorstellung einer besonders kleinen Person, weil eine vorprogrammierte Korrektur der Perspektive dies verhindert. Es wäre auch sicher nicht zweckmäßig, einen anderen Menschen, einen möglichen Feind oder ein Hindernis nur deshalb zu unterschätzen, weil sie noch entfernt sind. Dieser Korrekturmechanismus hindert uns aber auch hartnäckig daran, z. B. die in den Abb. 112.1 abgebildeten gleich großen Personen gleich groß zu sehen. Auch wenn wir uns durch Nachmessen von der gleichen Größe überzeugen, wird uns die rechts stehende weiterhin als die größere erscheinen.

Derselbe angeborene Mechanismus zwingt uns, in die in Abb. 112.2. dargestellten flächigen Figuren Dreidimensionalität hinein zu interpretieren, sogar umspringend in beide möglichen Perspektiven. Auch der Zwang zur Vervollständigung unvollständiger Wahrnehmung zu konkreten Gestalten ist uns offensichtlich angeboren. Für einen

Abb. 112.1. Perspektivische Täuschung

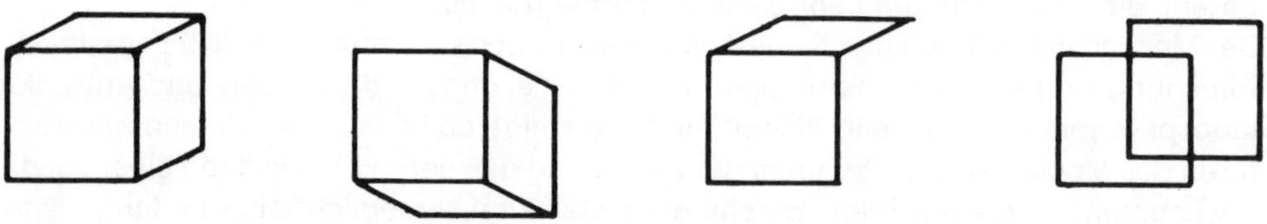

Abb. 112.2. Räumliche Interpretation flächiger Figuren

Nachtschmetterling ist es zweifellos überlebenswichtig, Geräusche im Ultraschallbereich mit der Vorstellung einer anfliegenden Fledermaus zu verbinden, ebenso wie für eine Antilope, zwei glänzende Augen im hohen Gras zum Bild eines anschleichenden Löwen zu ergänzen. Es ist gut vorstellbar, daß solche unreflektierte Gestaltergänzung auch für den Urmenschen überlebenswichtig war und in der Evolution herausselektiert wurde. Nur so ist es zu erklären, daß wir ständig verleitet sind, schemenhafte Umrisse, Nebelfetzen, Licht- und Schattenmuster u. ä. sofort als tierische oder menschliche Gestalten zu deuten, oft auch gegen den energischen Widerstand unserer Vernunft.
Wären alle Interpretations- und Reaktionsmöglichkeiten vollständig vorprogrammiert, so müßten die Überlebenschancen unter auch nur geringfügig veränderten Umweltbedingungen drastisch abnehmen. In der Tat zeigen deshalb fast alle (tierischen) Lebewesen, vom Einzeller bis zum Menschen in steigendem Umfang, die Fähigkeit dazu zu lernen. D. h. sie können individuelle Erfahrungen gewinnen, speichern und, auf der Grundlage der vorprogrammierten Verhaltensweisen situationsgerecht anwenden. Allein die Tatsache der höchst unterschiedlich ausgeprägten Lernfähigkeit läßt eigentlich nur den Schluß auf ebenso unterschiedliche Lernvoraussetzungen zu, d. h. auf unterschiedliche angeborene Grundlagen, die den begrenzenden Rahmen

(die „Reaktionsnorm") für die möglichen Erkenntnisleistungen darstellen. Worin diese Grundlagen im einzelnen bestehen, ist noch unklar. Ergebnisse der Sinnes- und Neurophysiologie zeigen jedoch, zumindest bei den höheren Lebewesen, einen weitgehenden Zusammenhang zwischen der Komplexität angeborener und erlernbarer Fähigkeiten und den Strukturen und der Arbeitsweise des zentralen Nervensystems, insbesondere des Gehirns.

Aus der vergleichenden Verhaltensforschung, der Genetik und der Physiologie wissen wir, daß neben den anatomischen und physiologischen Merkmalen auch Verhaltensmuster und höhere Leistungen der Tiere genetisch bedingt sind und dem Anpassungszwang durch Mutation und Selektion unterliegen. Zusätzliche Ergebnisse aus der Psychologie, der Hirnforschung und der vergleichenden Sprachwissenschaft legen nahe anzunehmen, daß dies ohne wesentliche Einschränkung auch für den Menschen gilt; daß die Grundlagen auch seiner Erkenntnisfähigkeit das in Jahrmillionen ausselektierte Ergebnis der Stammesgeschichte sind.

Pflanzenreich

Prokaryonten (Zellen ohne echten Zellkern)

Abteilung: Schizophyta *(Spaltpflanzen)*
Bakterien und Blaualgen

Eukaryonten (Zellen mit echtem Zellkern)

Abteilung: Phycophyta *(Algen)*
Euglenaartige, Kieselalgen, Grünalgen, Armleuchteralgen, Braunalgen, Rotalgen

Abteilung: Mycophyta *(Pilze)*
Schleimpilze, Algenpilze, Schlauchpilze, Ständerpilze. Flechten als Symbiose

Abteilung: Bryophyta *(Moospflanzen)*
Lebermoose und Laubmoose

Abteilung: Pteridophyta *(Farnpflanzen)*
Bärlappgewächse, Schachtelhalme und Farne

Abteilung: Spermatophyta *(Samen- oder Blütenpflanzen)*

Unterabteilung: Coniferophytina *(Nadelholzpflanzen)*

Unterabteilung: Cycadophytina *(Palmfarnpflanzen)*

Unterabteilung: Magnoliophytina *(Bedecktsamige Pflanzen)*

Klasse:
Magnoliatae *(Zweikeimblättrige)*
mit z. B. Hahnenfußgewächsen, Seerosengewächsen, Zaubernußgewächsen, Rosengewächsen, Schmetterlingsblütlern, Mohngewächsen, Kreuzblütlern, Doldenblütlern, Nelkengewächsen, Buchengewächsen, Weidengewächsen, Primelgewächsen, Lippenblütlern . . .

Klasse:
Liliatae *(Einkeimblättrige)*
mit z. B. Froschlöffelgewächsen, Liliengewächsen, Narzissengewächsen, Schwertliliengewächsen, Gräsern, Orchideen, Palmen . . .

Tierreich

Unterreich: Protozoa *(Einzellige Tiere)*

Einziger Stamm: Protozoa *(Einzeller)* mit 4 Klassen
Geißeltierchen, Wurzelfüßer, Sporentierchen, Wimpertierchen

Unterreich: Metazoa *(Vielzellige Tiere)*

Abteilung: Parazoa *(Vielzeller ohne Organe)*

Einziger Stamm: Porifera *(Schwämme)* mit 2 Klassen
Kalkschwämme, Kieselschwämme

Abteilung: Eumetazoa *(Vielzeller mit Organen)*

Unterabteilung: Coelenterata *(radiärsymmetrische Hohltiere)*

Stamm: Cnidaria *(Nesseltiere)* mit 3 Klassen
Polypen, Quallen, Korallen

Stamm: Ctenophora *(Rippenquallen)*
Kamm- oder Rippenquallen

Unterabteilung: Bilateria *(Zweiseitigsymmetrische Tiere)*

Stammgruppe: Protostomia *(Urmund-Bauchmarktiere)*
14 Stämme mit 26 Klassen z. B.

Plathelminthes *(Plattwürmer)*
Strudel-, Saug-, Bandwürmer

Nemathelminthes *(Rundwürmer)*
Fadenwürmer, Rädertierchen

Annelida *(Ringelwürmer)*
Vielborster, Wenigborster, Egel

Mollusca *(Weichtiere)*
Schnecken, Muscheln, Tintenfische

Arthropoda *(Gliederfüßer)*
Krebse, Tausenfüßer, Spinnen, Insekten

Stammgruppe: Deuterostomia *(Neumund-Rückenmarktiere)*
5 Stämme mit 15 Klassen z. B.

Echinodermata *(Stachelhäuter)*
Seesterne, Seeigel, Seewalzen

Chordata *(Chordatiere)*
- Tunicata *(Manteltiere)*
- Acrania *(Lanzettfischchen)*
- Vertebrata *(Wirbeltiere)*
  - Pisces (Fische)
  - Amphibia (Lurche)
  - Reptilia (Kriechtiere)
  - Aves (Vögel)
  - Mammalia (Säugetiere)
    - Kloakentiere
    - Beuteltiere
    - Plazentatiere

Einordnung einer Pflanze in das Natürliche System

Beispiel: Die Schnee- oder Christrose Helleborus niger L.

Abteilung:	Spermatophyta *(Samen- oder Blütenpflanzen)*
Unterabteilung:	Magnoliophytina *(Bedecktsamige Pflanzen)*
Klasse:	Magnoliatae *(Zweikeimblättrige)*
Unterklasse:	Magnoliidae *(Magnolien-Unterklasse)*
Ordnung:	Ranalae *(Hahnenfuß-Ordnung)*
Familie:	Ranunculaceae *(Hahnenfuß-Familie)*
Gattung:	Helleborus *(Nieswurz)*
Art:	Helleborus niger L. *(Schnee- oder Christrose)*

Einordnung eines Tieres in das Natürliche System

Beispiel: Die Stubenfliege Musca domestica L.

Unterreich:	Metazoa *(Vielzeller)*
Abteilung:	Eumetazoa *(eigentliche Vielzeller)*
Unterabteilung:	Bilateralia *(bilateralsymmetrische Tiere)*
Stammgruppe:	Protostomia *(Urmundtiere)*
Stamm:	Arthropoda *(Gliederfüßer)*
Unterstamm:	Tracheata *(Tracheenatmer)*
Klasse:	Insecta *(Insekten)*
Unterklasse:	Pterygota *(geflügelte Insekten)*
Ordnung:	Diptera *(Zweiflügler)*
Unterordnung:	Brachycera *(Fliegen)*
Familie:	Muscidae *(„Echte Fliegen")*
Gattung:	Musca *(Stubenfliegen)*
Art:	Musca domestica L. *(Große Stubenfliege)*

Literaturhinweise

I. Übersichtsliteratur. Gut geeignet für Kollegiaten als Ergänzung zu Lehrbuch und Unterricht. Die hier aufgeführten Werke erscheinen in der weiteren Zusammenstellung nicht mehr.

1 Evolution: Die Entwicklung von den ersten Lebensspuren bis zum Menschen. In: Spektrum der Wissenschaft (Verständliche Forschung). Heidelberg: Verlag Chemie 1986.
2 Haaf, G., und Th. v. Randow: Universum – Leben – Mensch. In: Die Zeit, Sonderdruck aus 6–8, 1978.
3 Hoff, P., und W. Miram: Evolution. Materialien für die Sekundarstufe II. Hannover: Schroedel 1979 und 1984.
4 Knoll, J.: Evolution. Reihe Westermann-colleg Biologie. Braunschweig: G. Westermann 1979.
5 Kull, U.: Evolution. Studienreihe Biologie, Bd. 3 Stuttgart: Metzler 1977.
6 Linder, H. (Hrsg. Bayrhuber, H., und U. Knoll): Biologie. Stuttgart: Metzler 1989.
7 Osche, G.: Evolution. Reihe studio visuell. Freiburg: Herder 1972.
8 Remane, A., Storch, V., und U. Welsch: Evolution. dtv WR 4234. München: dtv 1973.
9 Savage, J. M.: Evolution. Reihe Moderne Biologie. München: BLV 1973.
10 Siewing, R. (Hrsg.): Evolution. UTB 748. Stuttgart: G. Fischer 1987.

II. Ergänzungsliteratur. Geeignet für Kollegiaten zur Bearbeitung spezieller Themen und Referate.

Abiotische Evolution und Entwicklung der Protobionten

11 Boschke, F. L.: Die Herkunft des Lebens. Fischer Taschenbuch 6178. Frankfurt/M.: Fischer Taschenbuch 1972.
12 v. Ditfurth, H.: Im Anfang war der Wasserstoff. Knaur Taschenbuch 395. München: Droemer 1977.
13 Kaplan, R. W.: Der Ursprung des Lebens. dtv WR 4106. München: dtv 1978.
14 Nöll, G.: Modellmembranen – Membranmodelle. In: Biologie in unserer Zeit 3, 65, 1976.
15 Rahmann, H.: Die Entstehung des Lebendigen. G. Fischer Taschenbuch, Stuttgart: G. Fischer 1980.
16 Schramm, G.: Experimentell erzeugtes Leben. In: v. Ditfurth, H. (Hrsg.): Evolution. Hamburg: Hoffmann und Campe 1975.
17 Vogellehner, D.: Paläontologie. Reihe studio visuell. Freiburg: Herder 1973.

Paläontologie (ohne Evolution des Menschen)

18 Augusta, J., und Z. Burian: Tiere der Urzeit (Bildband). Prag: Dausien 1960.
19 Augusta, J., und Z. Burian: Saurier der Urmeere (Bildband). Prag: Dausien 1964.
20 Barnett, L.: Die Welt, in der wir leben. München: Droemer 1956.
21 de Beer, G.: Bildatlas der Evolution. München: BLV 1966.
22 Beurlen, K.: Welche Versteinerung ist das? Kosmos Bestimmungsbuch. Stuttgart: Franckh 1966.
23 Boschke, F. L.: Die Schöpfung ist noch nicht zu Ende. Düsseldorf: Econ 1963.
24 Grassé, P. P.: Evolution. Reihe Allgemeine Biologie, Bd. 5. Stuttgart: G. Fischer 1973.
25 Grzimeks Tierleben: Entwicklungsgeschichte der Lebewesen (Ergänzungsband). München: Kindler 1972.
26 Hölder, H.: Naturgeschichte des Lebens. Reihe Verständliche Wissenschaft, Bd. 93. Berlin: Springer 1968.
27 Querner, H., Hölder, H., Egelhaaf, A., Jacobs, J., und G. Heberer: Vom Ursprung der Arten. rororo tele, Bd. 6. Reinbek: Rowohlt 1969.

28 Simpson, G.: Leben der Vorzeit. dtv WR 4095. Stuttgart: Enke 1972.
29 Thenius, E.: Versteinerte Urkunden: Reihe Verständliche Wissenschaft, Bd. 81. Berlin: Springer 1963.
30 Wendt, H.: Ehe die Sintflut kam. München: List 1971.
31 Wendt, H.: Ich suchte Adam. rororo Sachbuch 6631. Reinbek: Rowohlt 1974.
17 Vogellehner, D.: Paläontologie. Reihe studio visuell. Freiburg. Herder 1972.

Geschichte des Evolutionsgedankens

32 Fels, G.: Abstammungslehre dargestellt anhand von Quellentexten. Stuttgart: Klett 1967.
33 Gerlach, W. (Hrsg.): Der Natur die Zunge lösen. München: Ehrenwirth 1969.
34 Lorenz, K.: Über die Wahrheit der Abstammungslehre. In: v. Ditfurth, H. (Hrsg.): Evolution. Hamburg: Hoffmann und Campe 1975.
35 Medwedjew, S. A.: Der Fall Lyssenko. dtv WR 972. München: dtv 1974.
30 Wendt, H.: Ehe die Sintflut kam. München: List 1971.
31 Wendt, H.: Ich suchte Adam, rororo Sachbuch 6631. Reinbek. Rowohlt 1974.
36 Wendt, H.: Der Affe steht auf. Reinbek. Rowohlt 1971.

Evolutionsfaktoren, Ablauf der Evolution

12 v. Ditfurth, H.: Im Anfang war der Wasserstoff. Knaur Taschenbuch 395. München: Droemer 1977.
37 Osche, G.: Evolution. Reihe studio visuell. Freiburg. Herder 1972.
27 Querner, H., Hölder, H., Egelhaaf, A., Jacobs, J., und G. Heberer: Vom Ursprung der Arten. rororo tele, Bd. 6, Reinbek: Rowohlt 1969.
38 Stebbins, G. L.: Evolutionsprozesse. Stuttgart. G. Fischer 1980.

Evolution des Menschen

39 Autrum, H., und U. Wolf (Hrsg.): Humanbiologie. Heidelberger Taschenbücher, Bd. 121. Berlin: Springer 1973.
40 Bauer, E. W. (Hrsg.): Humanbiologie. Berlin: CVK 1974. (Schulbuch)
41 Bruggaier, W., und D. Kallus: Einführung in die Biologie des Menschen. Frankfurt: Diesterweg 1973.
42 Dobzhansky, T.: Sind alle Menschen gleich erschaffen? In: v. Ditfurth, H. (Hrsg.): Evolution. Hamburg: Hoffmann und Campe 1975.
43 Glowatzki, G.: Die Rassen des Menschen. Kosmos Bibliothek. Bd. 290. Stuttgart: Franckh 1976.
44 Heberer, G., Henke, W., und H. Rothe: Der Ursprung des Menschen. G. Fischer Taschenbuch Stuttgart: G. Fischer 1975.
45 Heberer, G.: Homo – unsere Ab- und Zukunft. Stuttgart: Deutsche Verlagsanstalt 1968.
46 Steitz, E.: Die Evolution des Menschen. Taschentext 16. Weinheim: Verlag Chemie 1979.
47 Time-life-Bücher: rororo Sachbuch 64: Der Weg zum Menschen
rororo Sachbuch 65: Vom Menschenaffen zum Menschen
rororo Sachbuch 66: Die ersten Menschen
rororo Sachbuch 67: Die Neandertaler
rororo Sachbuch 68: Der Cro-Magnon-Mensch
Reinbek: Rowohlt 1977.
36 Wendt, H.: Der Affe steht auf. Reinbek: Rowohlt 1971.
31 Wendt, H.: Ich suchte Adam. rororo Sachbuch 6631. Reinbek: Rowohlt 1974.

Die Zukunft des Menschen

48 Meadows, D.: Die Grenzen des Wachstums. Stuttgart: Deutsche Verlagsanstalt 1972.
49 Taylor, G. R.: Die biologische Zeitbombe. Frankfurt/M.: S. Fischer 1969.

III. Wissenschaftliche Literatur zur Vertiefung in spezielle Interessengebiete

Abiotische Evolution und Protobionten

50 Vangerov, E.-F.: Wandel der Erdatmosphäre und die Entwicklung des Lebens. In: v. Ditfurth, H. (Hrsg.): Evolution. Hamburg: Hoffmann und Campe 1975.

Paläontologie (ohne Evolution des Menschen)

51 Beurlen, K.: Geologie. Stuttgart: Franckh 1975.
52 Kühn, A.: Grundriß der allgemeinen Zoologie. Stuttgart: Thieme 1964.
53 Krumbiegel, J.: Die Rudimentation. Stuttgart: G. Fischer 1960.
54 Krumbiegel, G., und H. Walther: Fossilien. dtv Taschenbuch 3178. Leipzig: VEB Deutscher Verlag für Grundstoffindustrie 1977.
55 Mattauch, F.: Phylogenie und Paläontologie. In: Falkenhan H.-H. (Hrsg.): Handbuch der praktischen und experimentellen Schulbiologie. Bd. 4/II, 4. Teil. Köln: Aulis 1974.
56 Mägdefrau, K.: Paläobiologie der Pflanzen. Stuttgart: G. Fischer 1968.
57 Romer, A. S.: Vergleichende Anatomie der Wirbeltiere. Hamburg: Parey 1966.
58 Romer, A. S.: Entwicklungsgeschichte der Tiere. Bd. I und II. Enzyklopädie der Natur. Lausanne: Editions Rencontre 1970.
59 Vangerov, E.-F.: Grundriß der Paläontologie. Studienbücher der Biologie. Stuttgart: Teubner 1973.

Geschichte des Evolutionsgedankens

60 Darwin, D.: Die Entstehung der Arten, Stuttgart: Reclam 1963.
61 Huxley, T. H.: Zeugnisse für die Stellung des Menschen in der Natur. G. Fischer Taschenbuch. Stuttgart: G. Fischer 1970.

Evolutionsfaktoren, Ablauf der Evolution

62 Czihak, G., Langer, H., und H. Ziegler (Hrsg.): Biologie. Berlin: Springer 1990.
63 Diehl, M.: Abstammungslehre. Biologische Arbeitsbücher 17. Heidelberg: Quelle und Meyer 1976.
64 Grassé, P. P.: Evolution. Reihe Allgemeine Biologie. Bd. 5. Stuttgart: G. Fischer 1973.
65 MacArthur, R. H., und J. H. Connell: Biologie der Populationen, München: BLV 1970.
66 Timofeeff-Ressovsky, N. V., Voroncov, N. N., und A. N. Jablokov: Kurzer Grundriß der Evolutionstheorie. Jena: VEB G. Fischer 1975.

Evolution des Menschen

67 Altner, G. (Hrsg.): Kreatur Mensch. München: Moos 1969.
21 de Beer, G.: Bildatlas der Evolution. München: BLV 1966.
63 Diehl, M.: Abstammungslehre. Biologische Arbeitsbücher 17. Heidelberg: Quelle und Meyer 1976.
68 Heberer, G.: Menschliche Abstammungslehre. Stuttgart: G. Fischer 1965.
69 Heberer, G.: Moderne Anthropologie. rororo 6804. Reinbek: Rowohlt 1972.
70 Hofer, H., und G. Altner: Die Sonderstellung des Menschen. Stuttgart: G. Fischer 1972.
71 Illies, J.: Zoologie des Menschen. dtv Taschenbuch 1227. München: dtv 1976.
72 Jelinek, J.: Das große Bilderlexikon des Menschen in der Vorzeit. Gütersloh: Bertelsmann Lexikon Verlag 1975.
73 Saller, K.: Leitfaden der Anthropologie. Stuttgart: G. Fischer 1964.
74 Saller, K.: Rassengeschichte des Menschen. München: Urban und Schwarzenberg 1970.
75 Steitz, E.: Die Evolution des Menschen. Taschentext 16. Weinheim: Verlag Chemie 1974.
76 Weiner, J. S.: Entstehungsgeschichte des Menschen. Enzyklopädie der Natur 19. Lausanne: Editions Rencontre 1972.
77 Schmidt, H.: Materialien zur Fossilgeschichte des Menschen. Köln: Aulis 1979.

Die Zukunft des Menschen

78 Altner, G. (Hrsg.): Kreatur Mensch. München: Moos 1969.
79 Overhage, P.: Die biologische Zukunft der Menschheit. Frankfurt/M.: Knecht 1977.
48 Meadows, D., u. a.: Die Grenzen des Wachstums. Stuttgart: dva 1972, sowie: Die neuen Grenzen des Wachstums. Stuttgart: dva 1992.
80 Neumann, G.-H.: Einführung in die Humanethologie. Biologische Arbeitsbücher 26. Heidelberg: Quelle & Meyer 1979.

Möglichkeiten und Grenzen wissenschaftlichen Erkenntnisgewinns

81 Barash, D. P.: Soziobiologie und Verhalten. Berlin, Hamburg: Parey 1980.
82 Chomsky, N.: Sprache und Geist. Frankfurt/M.: Suhrkamp 1970.
83 Hassenstein, B.: Verhaltensbiologie des Kindes. München, Zürich: Piper 1973.
84 Kentler, H., u. a. (Hrsg.): Für eine Revision der Sexualpädagogik. München: 1971.
85 Lenneberg, E.: Die biologischen Grundlagen der Sprache. Frankfurt/M.: Suhrkamp 1972.
86 Lorenz, K.: Die Rückseite des Spiegels. Versuch einer Naturgeschichte menschlichen Erkennens. München, Zürich: Piper 1973.
87 Meyer, P.: Soziobiologie und Soziologie. Soziologische Texte. Neue Folge 125. Darmstadt, Neuwied: Luchterhand 1982.
88 Piaget, J.: Biologie und Erkenntnis. Über die Beziehungen zwischen organischen Regulationen und kognitiven Prozessen. Frankfurt/M.: Fischer 1974.
89 Riedl, R.: Biologie der Erkenntnis. Die stammesgeschichtlichen Grundlagen der Vernunft. Berlin, Hamburg: Parey 1980.
90 Riedl, R., und F. M. Wuketits (Hrsg.): Die evolutionäre Erkenntnistheorie. Berlin, Hamburg: Parey 1987.
91 Scheu, U.: Wir werden nicht als Menschen geboren, wir werden dazu gemacht. Fischer Tb 1857. Frankfurt/M.: Fischer 1977.
92 Vollmer, G.: Evolutionäre Erkenntnistheorie. Stuttgart: S. Hirzel 1975.

Stichwortverzeichnis

Als Unterlagen für grafische Darstellungen dienten:

Literaturverzeichnis Nr. 5, 6, 8, 9, 11, 13, 14, 21, 24, 27, 29, 45, 52, 57, 62, 66, 72, 75, 76.

Außerdem:

Blechschmidt, E.: Vom Ei zum Embryo. Stuttgart: dva 1968
Eibl–Eibesfeldt, I.: Grundriß der vergleichenden Verhaltensforschung. München: Piper 1974
Kaestner, A.: Lehrbuch der speziellen Zoologie. Stuttgart: G. Fischer 1965
Lewontin, R. C.: Anpassung. In: Spektrum der Wissenschaft 6, 1979
Lieder Dia-Verlag. Ludwigsburg
Müller, A. H.: Lehrbuch der Paläozoologie. Jena: G. Fischer 1965
Portmann, A.: Tarnung im Tierreich. Berlin: Springer 1956
Reichelt, G., und W. Schwoerbel: Ökologie. Bielefeld: CVK 1974
Remane A., Storch, V. und U. Welsch: Systematische Zoologie. Stuttgart: G. Fischer 1976
Schultz, A. H.: Die Primaten. Lausanne: Editions Rencontre 1972
Strasburger, E.: Lehrbuch der Botanik. Stuttgart: G. Fischer 1962
Walker, A., Teaford, M.: Die Suche nach Proconsul. In: Spektrum der Wissenschaft 3, 1989.